圖解

量子化學

一本讀懂橫跨所有化學領域的學問

齋藤勝裕／著

陳朕疆／譯

● 前言 ●

　　人類的歷史從石器時代開始，經歷青銅器時代、鐵器時代到了現代。青銅與鐵都是金屬，銅與錫混合後可製成青銅；鐵礦石是鐵的氧化物，還原後可得到金屬鐵，這些都是化學反應，要是沒有化學知識就無法製造出這些東西。

　　人類從文明早期開始，就已在研究化學知識。中世紀時盛行的鍊金術也是如此。提到鍊金術可能會讓人想到神祕的魔法，不過認真做研究的鍊金術師會反覆實驗，仔細記錄物質的變化，後來演變成了今日的化學，進而奠定科學的基礎。

　　經過歷史上許多化學家累積下來的研究成果，最後終於抵達了物質的根源──原子。然而，原子是極其微小的粒子，並不是以肉眼能夠看到的，人類只能憑空想像原子的樣貌。也就是說，研究原子時，需操控假想的原子進行化學反應，就像在霧中野餐一樣，全都是想像與推論。

　　人類靠著反覆的實驗所得到的結果，試著從茫然曖昧的狀態中找出線索，累積起相關知識。這就是 19 世紀末以前的化學界。

　　不過在剛進入 20 世紀時，化學界出現了劇烈的變動。那時，顛覆了科學界基礎的兩大理論「相對論」與「量子論」陸續誕生。相對論解釋的是宇宙的行為，也就是以無限大的世界為研究對象的理論；量子論解釋的是原子、電子等微小粒子的行為，也就是以無限小的世界為研究對象的理論。

　　隨著量子論的誕生，化學領域中以原子、電子為研究對象的「量子化學」也開始發展。這時候的化學正式進入以「理論」為主的時代。換言之，化學的方法論從一個在沒有理論的狀況下，反覆實驗摸黑前進的

學問，轉變成了以理論為基礎設計實驗的學問。

促進這種方法論發展的是1950年代時誕生的「分子軌域理論」，進入1970年代以後，「軌域對稱性理論」誕生。於是，籠罩著化學現象的謎團如太陽下的雲霧般逐漸散去，使本質清楚呈現在人們眼前。

現代化學的發展中，要是沒有量子化學方面的理論支持就難以前進。所有化學理論與化學實驗皆須奠基於量子化學。

本書將以淺顯易懂又有趣的方式介紹量子化學。內容的基本要求是「拿掉數學」，也就是以「沒有數學的量子化學」為目標。雖說如此，翻開本書就會發現還是有幾個數學式，特別是在開頭的部分。

不過，這些數學式終究只是「虛有其表的式子」，實際上的計算只包括四則運算。靜下心來看過這些數學式後反而會有種「什麼啊，還滿簡單的嘛」的感覺。而且，就算跳過這些部分也沒有關係。進入後半部分就不會看到這些數學式，只會看到許多圖形。這種「用圖思考」的方式，才是軌道對稱性理論的本質。

如果各位能透過本書，在量子化學的世界中享受理論化學的樂趣，那就太棒了。

2020年4月　齋藤勝裕

第4章 化學鍵

第5章 分子軌域法與鍵能

第6章 混成軌域與共軛分子

第 III 部　量子化學與分子的物理性質、反應性

第7章　共軛分子的分子軌域

第8章　分子的物理性質與分子軌域

第9章　分子的發光、呈色與分子軌域

第10章　熱反應與光反應

附錄章

二維、三維空間的粒子運動

第 I 部 ● 量子力學

第1章

何謂量子化學

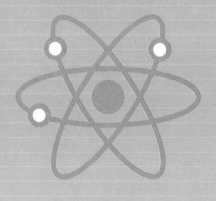

1-1

說明牛頓力學
無法說明的現象

—— 量子化學是什麼？

　　人類自誕生起，生活就被太陽支配著。早晨太陽會從東方升起，傍晚太陽會在西方落下。太陽西沉後可以看到月亮。雖然月亮每天的形狀都不一樣，但也和太陽一樣東升西落。月亮背後還有無數的星星，這些星星會以北方天空的北極星為中心旋轉，畫出一個圓弧。

● 天動說與地動說

　　看到太陽、月亮、星星在天空的運行方式，自然而然地會讓人覺得這是「太陽、月亮、星星在天空中移動」。古代的人們認為所有星體都在天空中移動，且對此深信不疑，這就是所謂的「天動說」。

　　不過進入16世紀的大航海時代後，由於遠洋航行需要精密天文觀測的輔助，於是天文觀測儀器也逐漸進步。然而哥白尼與伽利略分析觀測結果後卻發現，天動說無法說明許多觀測到的現象。於是他們提出了「地動說」，認為星體並沒有在移動，而是地面，也就是地球在移動。

　　地動說一開始遭到許多頑固的宗教人士反對，不過最後物理學界認同地動說才是事實。

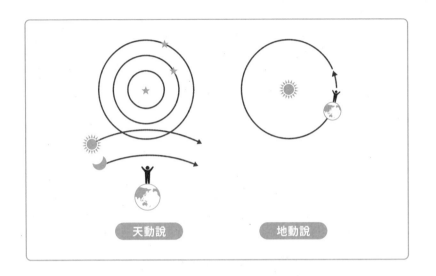

天動說　　　　　　　地動說

● 牛頓力學

1687年，出生於英國的偉大科學家——牛頓發表了一部名為《自然哲學的數學原理》的物理學總論。日本的德川幕府第五代將軍——德川綱吉於同一年發布了「生類憐憫令」，那時的日本仍殘留了些戰國時代的紛亂，卻也開始走向休養生息的道路。

《自然哲學的數學原理》在當時已確立的靜力學體系之上，添加了由重力引起的動力學體系，統合成單一力學體系架構，是人類史上的偉大貢獻。

後來，人們相信《自然哲學的數學原理》中的牛頓力學已經可以解釋包括自然界、人類社會，以至於全世界所有的物理現象。事實上，當時已知的物理現象確實都能用牛頓力學「完美」分析及解釋。

20世紀初期，一位物理學家曾經這麼說：「物理學的世界已是晴空萬里，沒有一片烏雲。但還留下了一些令人在意的零星黑

影。」

　　這些黑影正暗示了20世紀初期在物理學界引起軒然大波的理論。

● 相對論與量子力學

　　這位物理學家說的「零星黑影」，指的是當時尚未明瞭的「光子與電子的交互作用」，以及與「原子結構」相關的實驗結果與理論的不符之處。

　　20世紀初期，一掃這些「零星黑影」的理論誕生，它們是可以代表20世紀的2個偉大理論。一個是德裔科學家愛因斯坦提出的「相對論」，另一個則是「量子力學」。量子力學是由許多偉大的科學家共同建構出來的理論，難以歸功於單一科學家。

　　簡單來說，相對論就是指出「星體與地球皆在移動，運動彼此相對」的概念。而量子力學則指出「物質的運動皆屬偶然，運動由機率決定」的概念，與人們過去的直觀截然不同。

　　科學家們試著用這2個理論分別解釋自然現象時，發現兩者之間有某些關聯。量子力學研究的是電子、中子、原子等極小世界的現象；相對論研究的則是光速、中子星、黑洞等極大或無限大世界的現象。中子與黑洞分別代表2個極端，分析這兩者時卻會用到類似的原理。

說明牛頓力學無法說明的現象

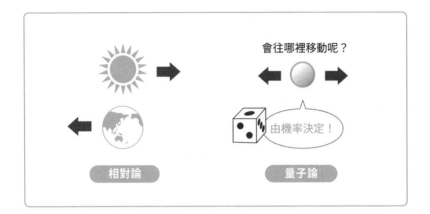

● 量子化學

　　量子力學是分析光子、電子、質子、中子、原子核、原子、分子等極小粒子之運動的理論。而化學是處理這些極小粒子之行為的研究領域。於是，量子力學很快就被應用在化學領域中，相關理論也逐漸擴展、精細化。

　　就這樣，過去由拉塞福、波耳等人提出的概念性原子模型，經量子化學修正成了量子論的原子模型。原本相當複雜的分子結構、反應性理論，也在分子軌域法的應用下變得更為直觀，開闢了一條分析極小粒子的道路，至今仍被視為萬能的模型，開啟了嶄新的化學領域。

　　「量子化學」是「量子力學」在化學研究領域中的應用。因此，在討論什麼是量子化學以前，先大致瀏覽一下量子力學的概念，比較能掌握量子化學的基礎。接著，就讓我們在本書第 I 部中概觀量子力學的內容吧。

微粒子只能擁有分離的數值

—— 量子是什麼？

量子力學與著名的愛因斯坦「相對論」幾乎在同一時期，也就是20世紀初期突然出現，且同時在學術界綻放光芒，直至今日。目前這2個理論仍是支配著當代自然科學的兩大支柱。

● 量子力學誕生的前夕

在牛頓發表《自然哲學的數學原理》（1687年）後的200年間，科學家們皆相信「牛頓力學」可以解釋宇宙中的任何現象，從恆星的運動到隨風飄起的花瓣，都在牛頓力學的支配下。

不過進入1900年代後，牛頓力學卻在科學家心中開始蒙上一層陰影。讓人注意到這層陰影的契機，是一種電子與光的交互作用，名為光電效應。科學家們難以用牛頓力學來解釋這個現象，1905年時，德裔科學家愛因斯坦提出了著名的概念「質量 m 與能量 E 可視為相同的東西」。令光速 c 為常數，愛因斯坦發表了

$$E = mc^2$$

這個著名的公式。以此為契機，物理學界產生驚天動地的變化。

● 量子化

另一個變化則是量子化。

在無論如何都無法以牛頓力學解決的問題當中，原子結構也是其中之一。當時的原子結構模型是由英國科學家拉塞福於1911年提出的拉塞福模型。**模型中，帶有正電荷的粒子（原子核）位於原子中央，周圍則有許多帶有負電荷的粒子（電子）以圓周軌道繞行原子核。**

拉塞福模型

但由電磁學理論可以知道，若帶電粒子繞著另一個帶電粒子旋轉，會逐漸釋放出能量，於是軌道會變成螺旋狀，半徑愈來愈小，最後撞上位於中央的粒子。這麼一來，原子就會轉變成中子，進而消滅。

這時候，有個科學家提出的假說一口氣解決了這個問題。那就是由丹麥科學家波耳在1913年提出，後來被稱為**波耳的「量子條件」**的假說。

波耳假設電子的角動量 p 恆為 $\dfrac{h}{2\pi}$ 的整數倍（h 是普朗克常數，是物理學中非常重要的常數，本書中也常會看到它登場）。也就是說，令 n 為正整數，則角動量可表示如下。

$$p = \frac{nh}{2\pi}$$

這可以說是個劃時代的想法。過去人們認為角動量是連續量，可以是 1，可以是 1.01，也可以是 100.53，想要多少就可以是多少。但事實並非如此，角動量必為 $\dfrac{h}{2\pi}$ 的整數倍，是一個分散的數值。

這樣的數值就稱為「量子」，而這也是「量子論」這個名稱的由來，n 也稱為「量子數」。

● 量子數

我們可以透過以下例子理解量子的概念。從水龍頭流出來的水量是一個連續量，想要裝多少就可以裝多少。不過，日本自動販賣機賣的瓶裝水是以 500mL 為單位。就算只需要 400mL，也必須購買 1 整瓶 500mL 才行；需要 800mL 的話則需購買 2 瓶（1000mL）。這就是量子化。

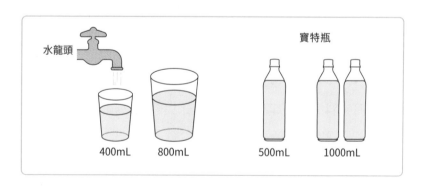

再以汽車的速度為例。現實世界中，車速不管是多少都可以。不過在量子化的世界中就不是如此。

這裡我們假設車速以30km/h為單位量子化。原本靜止不動的汽車（$n=0$）在發動後會突然變成30km/h（$n=1$），再加速後會變成60km/h（$n=2$），若再繼續加速，則會變成超過一般道路限速的90km/h（$n=3$），就得和警車上演追逐戰。也就是說，在量子化的世界中，汽車速度會隨著量子數n改變，必為$n \times 30$km/h。

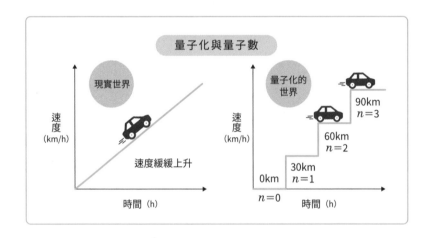

● **量子數的種類**

硬幣、紙鈔也可視為量子化的結果。

日圓中最小的單位為1圓，1圓硬幣的總金額必為$n_{壹} \times 1$圓；次小的單位為10圓，10圓硬幣的總金額為$n_{拾} \times 10$圓；依此類推，可以得到$n_{百} \times 100$圓、$n_{千} \times 1000$圓、$n_{萬} \times 1$萬圓。這裡的$n_{壹}$、$n_{拾}$、$n_{百}$、$n_{千}$、$n_{萬}$等皆可想成量子數。也就是說，金錢的量子數有好幾種。

不過，只有在光子、電子、原子、分子等極小的微粒子世界中，才會表現出明顯的「量子」形式。

隨著研究的進展，科學家們了解到「量子」化的現象不僅存在於角動量，也存在於「能量」，甚至是「角度」。

● 空間的量子化

角度的量子化或許不容易理解，不過請各位試著想像一下陀螺的運動，應該能幫助你理解角度量子化的概念。旋轉中的陀螺在速度降低時，轉軸會開始傾斜，出現歲差運動，也就是進動狀態。此時轉軸傾斜的角度 θ 在現實社會中是連續變動的數值，但在微粒子的世界中，這個角度只能是15度、30度、45度之類分散的數值。

這是因為，粒子只能存在於空間中某些特定的位置。舉例來說，霧由水的微粒子構成，這些水霧粒子看似散布在空間中的每個角落，但實際上並非如此。請抬頭觀察雲的樣子。雲和霧是同樣的東西，卻會存在於空間中的特定區域，以獨特的形式飄浮在空間中。

電子與原子等微粒子也一樣，只存在於空間中的特定位置。這種現象一般稱為空間的**量子化**。

這個概念在本書之後的內容中，會以「軌域（電子雲）形狀」的形式視覺化地呈現。

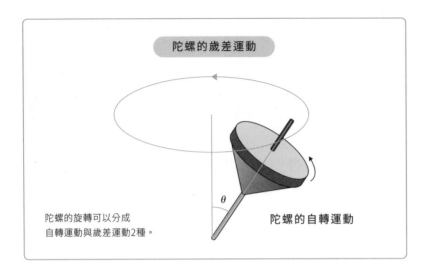

陀螺的歲差運動

θ

陀螺的自轉運動

陀螺的旋轉可以分成
自轉運動與歲差運動2種。

無法同時精確得知2個數值

── 海森堡測不準原理

在量子的架構下，科學家們陸續提出了許多與牛頓力學截然不同的概念。其中一個是1927年德國科學家海森堡提出的「海森堡測不準原理」。

這個原理指出，在微粒子的世界中「無法同時確定粒子的位置與能量」。若要精確測出粒子的能量，就沒辦法得知該粒子的精確位置。

若將這個原理寫成數學式，可得到以下不等式。設位置的測量誤差為 ΔP、能量的測量誤差為 ΔQ 時，那麼兩者的乘積必定大於 $\dfrac{h}{4\pi}$。

$$\Delta P \times \Delta Q > \frac{h}{4\pi}$$

h 是普朗克常數，自然不等於0。因此在這個不等式中，當 $\Delta Q = 0$ 時、ΔP 就會變成無限大。也就是説，若要精確測量出能量的數值，位置的測量誤差就會是無限大。這個不等式代表我們無法同時得知兩者的精確值。

● 測不準原理的類比

我們可以用拍攝紀念照片來類比測不準原理。假設你和朋友

一起到鎌倉旅行，並且想要在鎌倉大佛前拍攝紀念照片。你想把佛像和朋友一起拍進畫面中，這時，如果是用傳統的「牛頓相機」來拍，大佛佛像與朋友都能拍得還算清楚，不過細節部分會稍微模糊一些。

　　如果使用最新型的「量子相機」來拍的話，則會得到截然不同的結果。如果對焦到大佛的話，大佛就會拍得很清楚，朋友則會拍得比較模糊；如果對焦到朋友的話，大佛就會變得比較模糊。也就是說，量子相機無法同時精確記錄大佛和朋友「這兩個量」的大小。

　　現代化學中，會用能量來表示電子以及其他粒子的運動。這麼一來，就無法得知粒子的精確位置。也就是說，**電子的所在位置，或者原子形狀、分子形狀等，只能表示成大致的輪廓，或者以機率的形式表現。所以在討論原子與分子形狀時，會用到「電子雲」的概念。**

電子的位置
只能用機率表示

—— 存在機率

在拉塞福與波耳的原子模型中，電子會在原子核周圍的特定圓形軌道（orbit）上，像是電車般繞著原子核旋轉。不過，我們現在所使用的原子模型中，會用雲狀外形來表示電子，稱為電子雲，而這些電子雲會填入名為軌域（orbital）的空間中。英語中會使用orbit與orbital來表示2個不同的概念，日語則一律使用「軌道」，大概是因為找不到合適的翻譯吧。

為什麼做為粒子的電子會變成像「雲」一般的電子雲呢？拉塞福與波耳的原子模型中被稱為orbit的電子軌道，為什麼會改稱為軌域orbital呢？原因就出在測不準原理。

● 電子雲的類比

讓我們用一個例子來說明電子雲的概念吧。電子雲就是像雲一般的電子。雲由無數個水滴組成，這些水滴會集合成「雲的形狀」。

不過氫原子只有1個電子，1個電子要怎麼形成雲的形狀呢？還是說電子會膨脹成雲狀呢？

想像電子在原子核周圍不規則地任意移動，若此時定點拍攝原子的話，會拍到什麼樣的畫面呢？

假設我們將原子核固定於畫面中心，照片No.1的電子在原子核的右上，No.2的電子在原子核的左方。拍攝幾萬張（假設共 n 張）照片後，將這 n 張照片全部重疊起來，會看到電子呈現出如同雲的形狀，這就是電子雲。

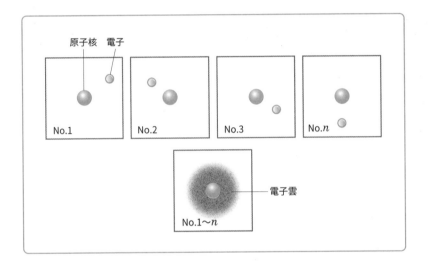

電子存在機率愈高的地方，雲就愈厚；存在機率愈低的地方，雲就愈薄。

我們可以用圖形來表示電子的存在機率。譬如次頁的圖就是用來表示電子存在於某個微小的單位體積內的機率，以及存在於單位球殼內的機率。**當距離為 r_0 的單位球殼內的電子存在機率達到極大值時，就定義 r_0 為電子雲的半徑。**

量子論能決定的部分只有能量。其他數值僅能以機率的形式來表示。

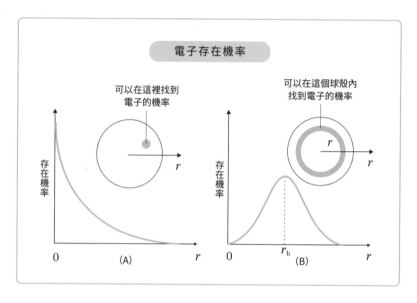

上圖 B 的 r_b 稱為原子半徑。換言之，原子大小指的就是電子雲大小，然而在原子半徑以外的區域仍有電子雲存在。電子雲的中心有一顆帶有正電的原子核，不過原子核的直徑僅為原子直徑的 1 萬分之 1。也就是說，如果原子核是一顆直徑 1cm 的玻璃珠，那麼原子的直徑可達 1 萬 cm，即為直徑 100m 的巨大球體。

1-5

微粒子同時具有
量子的性質與波的性質

—— 粒子性與波動性

在拉塞福之後不久，又有人提出了劃時代的觀念，就是法國科學家德布羅意於1923年發表的物質波理論。就當時的觀點而言，這個理論實在過於荒誕，所以發表之後也幾乎得不到認同。

● 發現物質波的契機

德布羅意之所以會提出物質波概念，是因為看到了一連串與電子、光有關的實驗結果。

如次頁圖所示，將許多小小的霧滴打入原本為真空的霧箱中，霧滴會因為重力而往下落。由於霧滴的大小都相同，所以所有霧滴的落下速度皆為固定的v。

若將霧箱通電，霧滴的落下速度也會出現變化。其速度可能為$v+V$、$v+2V$、$v+3V$等，皆是以v_0為單位的不連續變化。

落下速度之所以會增加，是因為霧滴上的電子與陽極間有靜電吸引力（庫侖力），而速度增加量只會是V、$2V$、$3V$等和單位量相關的變化，這些數值分別代表1個霧滴上附著了1個、2個、3個電子。這也代表電子可視為一種粒子。

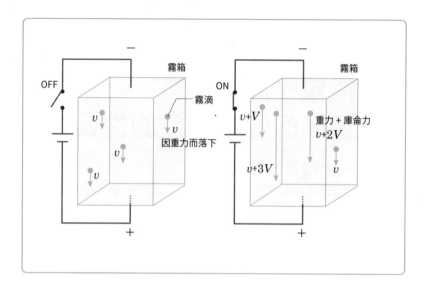

另一個線索則來自光電管實驗。

光電管是一種真空管，陰極部分受到外界光線照射後，會有電子飛出，這些電子撞擊到陽極時會產生電流。其中，照射的光線量與電流大小會成正比。

流動的電子數與照射的光線量彼此對應，這樣的結果暗示光與電子一樣，都擁有粒子性。

以前的電影底片旁邊有許多黑色條紋，這些條紋可控制通過光電管之電流的強弱，使音響發出聲音。這是早期製作有聲電影（talkie）的方式。

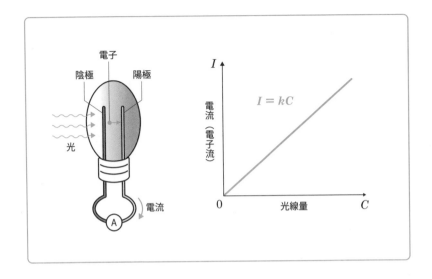

● 粒子性與波動性

由以上實驗結果，**德布羅意認為，所有物質皆具有粒子的一面，也具有波（波動）的一面。**如果是波的話，就應該有波長 λ（lambda）。德布羅意認為這個波長可表示如下。

$$\lambda = \frac{h}{mv}$$

m：物質的質量

v：物質的速度

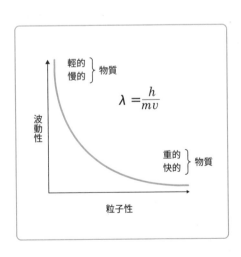

由這個式子可以看出，愈重、愈快的物質，波長愈短；愈輕、愈慢的物質，波長愈長。

舉例來說，體重66kg的人以時速3.6km（秒速1m）的速度行走時，這個人的波長會是10^{-36}m。

$$\lambda = \frac{6.6 \times 10^{-34}}{66 \times 1} = 1 \times 10^{-35} \, (\text{m})$$

這個數值實在太小，不可能實測出來。因此這個人的波動性幾乎可以視為零。

相較之下，設1個電子的質量為10^{-30}kg，速度為秒速10^8m，波長就會是6.6×10^{-12}（m）這個波長與拍攝X光照的X射線幾乎相同，足以讓我們識別出它的波動性。

也就是說，雖然包含人類在內的所有物體都擁有波的性質，但只有「電子、原子、分子」等「極小物質」的波才有意義，與我們的日常生活幾乎無關。

● 老鼠和麻雀的雜交後代

就我們的直觀而言，粒子性和波動性可以說是完全不同的東西，就算說一個東西同時擁有粒子性和波動性，我們也很難想像這是怎麼回事。不過，在說明蝙蝠是什麼樣的動物時，我們也會用「蝙蝠就像是哺乳類的老鼠和鳥類的麻雀的雜交後代」來形容蝙蝠不是嗎？

但這麼說就對蝙蝠有些失禮了。蝙蝠就是蝙蝠，不是老鼠也不是麻雀。只是在說明蝙蝠的某些性質時，用老鼠來類比會比較方便；說明蝙蝠的另一些性質時，用麻雀來類比會比較方便，僅此而已。

光子、電子、原子、分子等也一樣。在說明它們的某些性質時，用粒子來類比會比較方便；說明它們的另一些性質時，用波動來類比會比較方便。但這不代表它們是粒子與波動融合後的「嵌合體」。

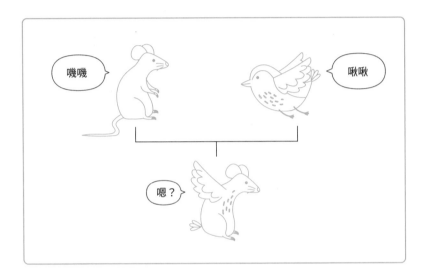

　　舉例來說，之後章節中提到的光化學反應，是1個光子撞擊1個分子後產生的反應。這時候把光想成是粒子會比較好理解。不過，光會因為繞射現象而繞過物體周圍，這時候把光想成是波會比較好理解。

用方程式來表示
電子的性質與行為

—— 薛丁格方程式

波的行為可以用**波函數**來表示。

電子與原子都擁有波動性質，所以它們的行為應該都可以用波函數來表示才對。

● 波函數

電子的波函數可透過上述概念推導出來。因為這個波函數可以用來表示後面會提到的電子軌域，所以也稱為軌域函數。

習慣上我們會用 ψ 來表示波函數（Psi，希臘字母 Ψ 的小寫）。一開始閱讀時可能會不太習慣，不過其實和我們平常看到的函數 $y = ax$ 的 y 是一樣的概念，所以不需太過在意，看習慣就好。

● 薛丁格方程式

1926年，奧地利的科學家薛丁格提出了計算電子波函數的公式。這是量子力學、量子化學中相當具代表性的著名公式——薛丁格方程式 (1)。

$$E\psi = H\psi \qquad (1)$$

這是什麼啊？應該有不少人會這樣想吧。這不就表示「E 和 H 相等嗎？」、「那這條式子還有什麼意義呢？」各位會這樣想也無可厚非。

首先說明符號的意義。ψ 就像前面說的一樣，是波函數。E 是波函數所表示之粒子（電子）的能量，數學上稱其為函數 ψ 的**特徵值**。

問題在於 H。H 並不是代表數值，而是一個叫做**哈密頓算符**的算符。

所謂的算符，和四則運算＋、－、×、÷ 這些符號相同，都是用來表示計算種類的符號。除了四則運算的符號之外，算符還包括了微分算符 $\dfrac{d}{dx}$ 積分算符 $\displaystyle\int dx$ 等，哈密頓算符比較複雜，還包括了其他要素。

● 薛丁格方程式的解法

第一次看到薛丁格方程式這種與眾不同的式子，可能會讓你覺得「到底在算什麼」。這裡就讓我們用一個簡單的例子來說明這個方程式的解法吧。我們只會用到國中、高中學到的計算方法，所以不必過於擔心。

前面的方程式中，假設 H 是二階微分算符 $\dfrac{d^2}{dx^2}$ 那麼 ψ 會是什麼函數呢？

簡單來說，就是

$$-a^2\psi = \frac{d^2\psi}{dx^2}$$

這個方程式中，將某個函數 ψ 二次微分後，會變回原本的函數 ψ。有好幾個函數可以滿足這個關係，其中我們最熟悉的函數是三角函

數，以下假設 $\psi = \sin ax$。

如此一來可以得到

$$\frac{d(\sin ax)}{dx} = a\cos ax$$

將這個式子再微分一次可以得到

$$\frac{da(\cos ax)}{dx} = -a^2 \sin ax$$

也就是說

$$\frac{d^2(\sin ax)}{dx^2} = -a^2 \sin ax$$

等式左邊變回了 $\sin ax$，特徵值為 $-a^2$。

這個過於簡單的例子可能有些不踏實，不過這確實描述了波函數、薛丁格方程式、特徵值之間的關係。

● 能量與存在機率

前面提到的**薛丁格方程式中，E 是能量，ψ 是函數。ψ 可能為正值也可能為負值，不過 ψ 的平方 ψ^2 的值域就一定是正數。波動力學中會將 ψ^2 視為波的強度，量子力學中則會將 ψ^2 解釋成粒子的存在機率**，也就是前面提過的電子雲。

在薛丁格方程式（1）的等號兩邊分別乘上 ψ 再積分，可以得到

$$\int \psi E \psi d\tau = \int \psi H \psi d\tau \qquad (2)$$

這裡的 $\int d\tau$ 是對函數整個定義域積分（**全域積分**）的意思。

式（2）中的 E 是能量，是一個常數，所以可以提到積分外

面，得到以下式子。

$$E \int \psi^2 d\tau = \int \psi H \psi d\tau \qquad (3)$$

式（3）變形後可以得到以下式子。

$$E = \frac{\int \psi H \psi d\tau}{\int \psi^2 d\tau} \qquad (4)$$

式（4）等號右邊的分母 $\int \psi^2 d\tau$ 是粒子存在機率的全域積分，所以會等於粒子的個數1。這個步驟稱為標準化（也叫做歸一化）。

$$\int \psi^2 d\tau = 1 \qquad (5)$$

故能量會等於

$$E = \int \psi H \psi d\tau \qquad (6)$$

這個簡單的形式。

因為結果過於簡單，可能會讓你覺得難以相信，不過這就是量子力學計算的核心。

也就是說，只要解薛丁格方程式，就能算出波函數；知道波函數，就能求得粒子的能量。

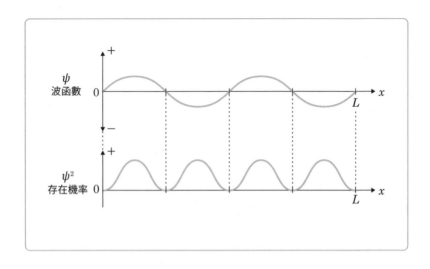

　　波函數 ψ 是一次函數，所以值域可能為正，也可能為負。ψ^2 是函數的平方，故全部值域必為正。**ψ 可表示電子雲的性質與反應性，ψ^2 則可表示電子雲的形狀**，之後的章節會再詳細説明。

第 **2** 章

直線上的粒子運動

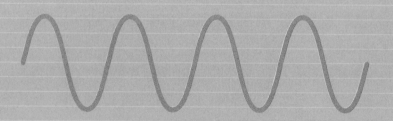

量子力學基礎中的基礎

—— 直線上的粒子運動

讓我們來看看粒子在直線上，也就是一維空間中的運動吧。在正式進入本節之前說這個可能不太恰當，但接下來提到的內容其實沒有那麼重要。真正重要的是本章第3節以後的「函數的形狀與能量」。

● 直線上的運動為什麼很重要

為什麼可以用這種方式計算出波函數與能量呢？要是不知道理由的話，應該會有些人很難接受這樣的結果吧。這也是當然的，不過這或許也會成為你學習動力的來源。讓你能接受量子力學的概念，就是本書的使命。因此，就讓我們以最基本的薛丁格方程式，也就是一維空間上，或者說是直線上的粒子運動為例，說明數學式的變化吧。

為什麼直線上（一維空間）的運動那麼重要呢？這是因為之後會提到的平面上（二維空間）以及立體空間（三維空間）的粒子運動，都可視為直線上的粒子運動的應用。

如果能先了解一維空間的粒子運動的話，在碰到更高維度的粒子運動時，大概看過就能理解了。所以這裡請先耐著性子看完一些數學式。雖然這麼說，其實也只要大概瀏覽過就好。

如果沒時間閱讀這些數學式，跳過本章第1節與第2節，直接閱讀後面的部分也沒有問題。

● 可移動範圍

所謂的一維空間，指的是一維內的特定空間，也就是直線的一部分。這當然是有限的空間。也就是說，要是沒有指定粒子的可移動範圍，就沒辦法進一步分析。

這裡我們**限定粒子只能在直線上，也就是**x**軸上**$x = 0 \sim L$**的區域**（$0 < x < L$）**內移動。**

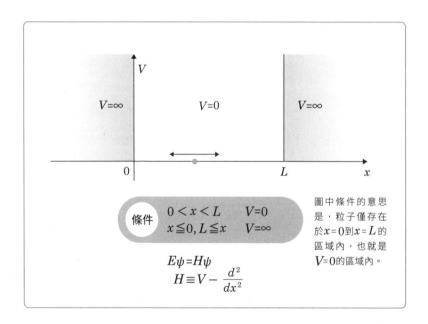

| 條件 | $0 < x < L$ | $V = 0$ |
| | $x \leqq 0, L \leqq x$ | $V = \infty$ |

$$E\psi = H\psi$$
$$H \equiv V - \frac{d^2}{dx^2}$$

圖中條件的意思是，粒子僅存在於$x = 0$到$x = L$的區域內，也就是$V = 0$的區域內。

能量可以定出粒子的可移動範圍，粒子只能在位能大於0的區域移動。

為此，需定義$0 < x < L$範圍內的位能$V = 0$；除此之外的其

他區域，也就是 $x \leqq 0$ 與 $L \leqq x$ 區域的位能為無限大。**這麼一來，粒子只能在 $x = 0$ 到 $x = L$ 的區域內移動，這個邊界條件在之後計算時相當重要。**

● 薛丁格方程式

接著，為了將這樣的粒子運動附加條件，就必須運用到薛丁格方程式。在定義哈密頓算符 H 時，我們會再加上位能項 V，如下式所示。

$$H \equiv V - \frac{d^2}{dx^2}$$

這麼一來，**粒子的可存在範圍為 $V = 0$，和之前的計算完全一模一樣。**

● 一般解

前面我們提到了滿足薛丁格方程式的函數 $\sin ax$，然而 $\cos ax$ 也可以滿足薛丁格方程式的條件。所以我們可以把 2 個函數的和（線性組合）寫成一般解，得到式（1）。

這裡的 A、B、k 為任意係數。也就是說，只要確定 A、B、k 就可以求出 ψ。

$$\psi = A\sin kx + B\cos kx \qquad (1)$$

● 條件 $x = 0$ 時 $\psi = 0$

首先，粒子不會存在於 $x = 0$ 之處，故這裡的 $\psi = 0$ 必定成立。將此處 $x = 0$ 代入式（1）的 sin 函數部分，可以得到 $A\sin kx$

$= A\sin k0 = A\sin 0 = 0$，函數部分消失，故此項在$\psi = 0$時必為0。又因為$\psi = 0$，所以剩下的cos函數部分必須為0才行。也就是因為$B\cos 0 = B$，故$B = 0$**必定成立。這代表ψ的cos函數部分$B\cos kx$會直接消失，只剩下sin函數部分，得到式（2）。**

$$\psi = A\sin kx \qquad (2)$$

由三角函數的定義可以知道$\sin 0 = 0$，$\cos 0 = 1$。

 **為什麼會出現量子數**

—— **量子數的出現**

　　看到這裡，想必你應該也能夠充分了解到，雖然薛丁格方程式的數學式看起來很複雜，但其實一點也不難。

● **決定量子數**

　　接著，讓我們試著考慮 $x = L$ 時 $\psi = 0$ 的條件。代入方程式後

$$A\sin kL = 0 \qquad (1)$$

必定成立。只有在 $A = 0$ 或 $kL = n\pi$（n 為包含 0 的整數，故 $n\pi$ 為 0 度、180 度、360 度等）時，才能滿足這條方程式。

　　不過，如果 $A = 0$ 的話，$\psi = 0\sin kx = 0$，在定義域的各處皆為 0，與 x 的數值無關。這代表粒子不存在，與題意不合。因此下式必須成立。

$$kL = n\pi \qquad (2)$$

　　此外，**如果 $n = 0$，因為 L 不等於 0，由題意可以得知 $k = 0$ 必定成立。這麼一來，因為 $\psi = A\sin 0x$，故 ψ 恆為 0，與題意不合。所以 n 必須為不包含 0 的整數。**故 k 可用以下式子表示。

$$k = \frac{n\pi}{L} \qquad (3) \qquad (n\text{ 為不包含 0 的整數})$$

綜上所述，在直線上運動的粒子之波函數可寫成以下式子。

$$\psi = A\sin\left(\frac{n\pi}{L}\right)x \qquad (4) \qquad (n\text{ 為不包含 0 的整數})$$

● 決定係數 A

至此，前一節式（1）（p.38）的 3 個係數 A、B、k 中，B 與 k 皆已確定，只剩下 A 了。這裡會用到前面提到的標準化條件來推導 A，如下所示。

$$
\begin{aligned}
\int \psi^2 d\tau &= \int_0^L A^2 \sin^2\left(\frac{n\pi}{L}\right)x\,dx \\
&= \left(\frac{A^2}{2}\right)\left\{\int_0^L dx - \int_0^L \cos\left(\frac{2n\pi}{L}\right)x\,dx\right\} \\
&= \left(\frac{A^2}{2}\right)(L - 0) = 1 \qquad (5)
\end{aligned}
$$

故可得到

$$A = \sqrt{\frac{2}{L}} \qquad (6)$$

代入波函數後可以得到式（7）。

$$\psi_n = \sqrt{\frac{2}{L}} \sin\left(\frac{n\pi}{L}\right)x \qquad (7)$$

波函數的平方
可表示粒子的存在機率

—— 波函數的形式與存在機率

　　量子化學中，最重要的部分並不在於數學計算，而是對計算結果的解釋。計算工作就交給喜歡計算的人去算，喜歡化學的人只要專注在如何應用計算結果就好。

● 函數圖形

　　次頁的圖是前面計算出來的波函數，也就是前節式（7）畫成圖形的樣子。函數的上下振幅受到前節式（6）函數的係數之限制。

　　圖中首先會注意到的是，量子數 n 不同時，函數形狀也會有很大的差異。

- $n = 1$ 時，波函數 ψ 從 $0 \sim L$ 的凹向皆沒有改變，且在整個定義域中，函數皆為正值。**這種以圖內 M（鏡面）為軸左右對稱的函數，稱為對稱函數，常以符號 S（Symmetry）來表示。**

- $n = 2$ 時，函數的凹向會在中央的 $x = \dfrac{L}{2}$ 處改變，函數值則從正數變成負數。**這種左右不對稱的函數，稱為非對稱函數，常以符號 A（Asymmetry）來表示。函數凹向改變處稱為「節」。**這個函數有 1 個節，因此可以用記號表示成 A（1）。

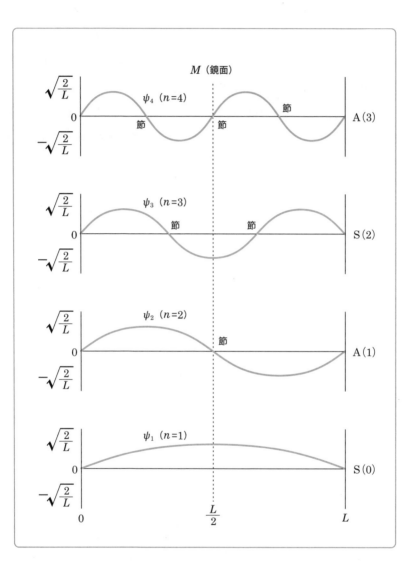

- 若 n 持續增加，函數的正負就會變動得更頻繁，節的數量也跟著增加。故函數會依照 S（0）→ A（1）→ S（2）→ A（3）的規則持續改變，S 函數和 A 函數會交替出現。

以上規則看起來相當單純、不證自明。後面的章節中，提到原子、分子的結構與反應性時，會用到這個重要的規則，請先把它記在腦中。

● 存在機率的圖形

如同我們前面所提到的，波函數的平方可用以表示粒子的存在機率，即次頁圖的樣子。函數平方以後，值域理所當然的皆為正數。

- **圖形的最大值（存在機率最大的位置）個數會等於量子數 n。也就是說，量子數愈大，最大值存在個數就愈大。**
- **只看圖的話可能看不太出來，但其實不管量子數是多少，函數覆蓋的總面積都會是 1。** 這就是標準化的結果。

$$\int \psi^2 d\tau = 1$$

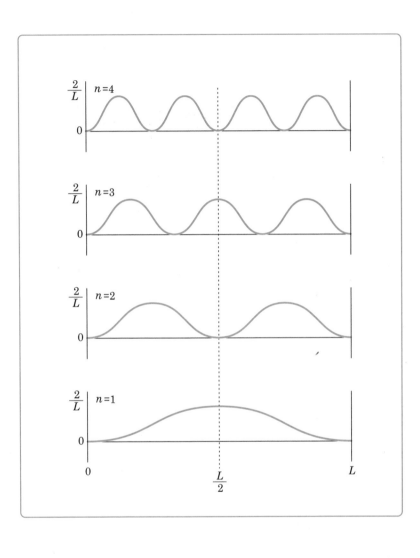

2-4

〜〜 量子化學的最重要事項

—— 能量的量子化

薛丁格方程式 $E\psi = H\psi$ 變形後，可以得到 $E = \int \psi H \psi d\tau$。前面我們曾以二階微分算符 $\frac{d^2}{dx^2}$ 為例，說明薛丁格方程式 $H\psi = H\psi$ 中，算符 H 的意義。讓我們將第2章第2節求出來的函數 ψ（式（7））代入這個式子，就可以得到以下結果。

$$E\psi = H\psi$$

$$= \left(V - \frac{d^2}{dx^2}\right)\psi$$

$$= -\left(\frac{d^2\psi}{dx^2}\right)$$

$$= d^2\left(\sqrt{\frac{2}{L}}\right)\sin\left(\frac{n\pi}{L}\right)\frac{x}{dx^2}$$

$$= \frac{n^2\pi^2}{L^2}\psi \qquad (1)$$

故可求出能量 E 如下。

$$E = -\frac{n^2\pi^2}{L^2} \qquad (2)$$

● 能量的意義

以上推導過程為了簡單明瞭已經過大幅簡化，所以要從式子中看出能量的意義頗為困難。不過，卻可以看出能量一個很大的特徵，那就是

> **能量與量子數 n 的平方，n^2 成正比**

能量的相對數值如次頁圖所示。假設 $n = 1$ 時，能量為 E_1；那麼 $n = 2$ 時，能量為 $4E_1$、$n = 3$ 時，能量為 $9E_1$，以平方和數列的方式增加。由此就能夠清楚表現原子中各個電子之間的能量關係。

● 能階

次頁的圖為將上述能量的圖像化。從圖中可明顯看出電子的能量並非連續，而是以 E_1 為單位的分散數值，也就是量子化的能量。

圖中愈往下能量愈低，愈往上能量愈高。**化學領域中描述能量時，通常愈往下表示愈穩定，愈往上表示愈不穩定。**

這種依能量大小如階梯般排序下來的樣子，稱為能階；將其圖像化後，可得到能階圖。

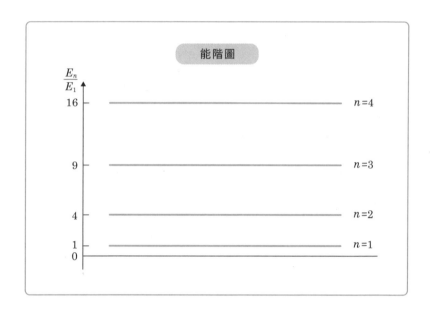

● L 與能量的關係

直線長度 L 與能量之間隱含著重要關係。

a 能量間隔

表示能量的式（2）中，L 增加的話代表什麼意思呢？如果是原子的話，L 增加代表原子直徑增加，也就代表是原子序較大的原子。

由式（2）可以知道，L 增加時，能量單位 E_1 會變小，能階圖中每條線的間隔會變小。也就是說，**L 變長時，能階間隔會變小；當 $L = \infty$ 時，能階間隔 $= 0$，即量子化現象消失，能量變成連續值，也就是我們的日常世界。**

b 零點能量

能階圖中，設能量最低為0。然而在 n 最小時（$n = 1$），仍擁有 E_1 的能量。這代表在絕對溫度 0K（K：克耳文）狀態下，粒子仍擁有這些能量（零點能量），仍在運動。

日常世界中最低的能量狀態為能量＝0，系統處於運動停止的狀態，這和粒子能量 E_1 有相當大的差別。日常世界中 L 非常大，所以 E_1 非常小，幾乎可以視為0。因此能階間隔相當小，可視為連續，最低能量則可視為0。

也就是說，日常世界與微粒子的世界絕對不可混為一談。而量子力學、量子化學只有在電子、原子等極微粒子的世界中才具有意義。

● 整理

本章提到的內容包括波函數 ψ、存在機率 ψ^2、能階圖，整理如下。

- 波函數有正值區域與負值區域
- 存在機率的波峰（極大值）的個數等於量子數
- 能量與量子數的平方成正比

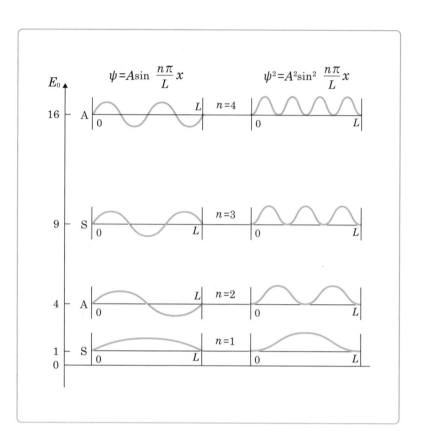

以上是貫穿本書的最重要事項。函數的推導並不是本書的核心。請將本節出現過的圖熟記在腦中，讓自己能夠隨時想起這些概念。這正是學習量子力學時的重點。只要持續對化學抱持興趣，這些內容一定會在某個時機派上用場。

考慮到原子結構的量子力學基礎事項

—— 立體空間的粒子運動與極座標

立體空間指的是由長、寬、高構成的三維空間，是我們日常生活的空間，也是光子、電子、原子、分子所在的空間。

化學是討論物質的研究領域，研究對象包括光子、分子等微粒子，它們都存在於三維空間。探討三維空間中的量子力學，是量子化學的目的之一。

● 三維空間的波函數

三維空間的薛丁格方程式與一維空間的薛丁格方程式並沒有本質上的變化。一維空間的薛丁格方程式中，變數只有 x，波函數為 $\psi = X(x)$，x 為函數 X 的變數。三維空間的變數增加，構成波函數的函數也跟著增加，多了以 y 為變數的函數 $Y(y)$，與以 z 為變數的函數 $Z(z)$。

三維空間的波函數 ψ 可以表示成這些函數的乘積。

$$\psi = X(x) \cdot Y(y) \cdot Z(z) \qquad (1)$$

用第 1 章介紹的方法解這個式子，可以得到式（2）的波函數與式（3）的能量。

$$\psi(x, y, z) = \psi(x) \cdot \psi(y) \cdot \psi(z)$$

$$= \left(\frac{2}{L}\right)^{\frac{3}{2}} \sin n_x \frac{\pi x}{L} \cdot \sin n_y \frac{\pi y}{L} \cdot \sin n_z \frac{\pi z}{L} \qquad (2)$$

$$E_{n_x n_y n_z} = \frac{h^2(n_x{}^2 + n_y{}^2 + n_z{}^2)}{8mL^2} \qquad (3)$$

● 簡併

但這時候又會出現新的問題。請看表示能量的式（3）。能量是由3種量子數 n_x、n_y、n_z 的組合決定。當 $n_x = n_y = 1$、$n_z = 2$ 時，能量為 $\frac{4h^2}{8mL^2}$。但是，能得到這個能量的量子數組合並非只有這一種。當 $n_x = 2$，$n_y = n_z = 1$，或是 $n_x = 1$，$n_y = 2$，$n_z = 1$ 時，也可以得到同樣的能量。

a 能量相同但波函數不同

由式（2）的波函數可以看出，量子數組合不同時，得到的波函數也不一樣。

波函數不同，就表示該波函數所代表的粒子會表現出不同行為，換言之就是指不同的粒子。

像這樣，**波函數不同，但能量相同的波函數，彼此互為簡併關係。2個波函數互為簡併關係時，稱為雙重簡併；3個波函數互為簡併關係時，稱為三重簡併**。這裡所舉出的波函數就是三重簡併的例子。

在討論原子、分子時常出現簡併情況，請多加留意。

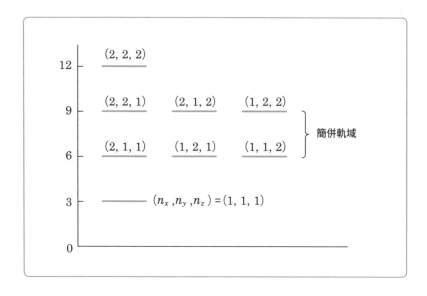

b 簡併的解除

一組簡併波函數中，相同的只有軌域的能階，其他部分完全不同。

這裡我們假設波函數 ψ_1 與 ψ_2 互為簡併關係，函數形狀則彼此不同，如次頁圖所示。

若從旁對這些波函數施加力量（**攝動**，perturbation），各個波函數的受到的影響可能會有所不同，原本能量相同的軌域可能會出現差異。**這種改變簡併軌域的能量，使其失去簡併的關係，就稱為簡併的解除。**

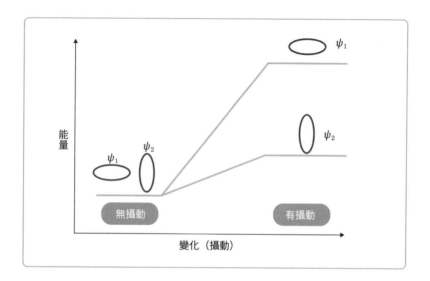

● 極座標

　　以上就是關於三維空間量子力學的簡介。將量子力學轉換成量子化學時，會出現座標轉換的問題。原子、分子存在於三維空間，但誰也沒看過原子長什麼樣子。人們大膽假設原子是球狀，這個假設或許也歪打正著。

　　我們平常使用的是直角座標（x, y, z），不過在處理球狀物體的科學時，通常會改用極座標比較方便易懂。從下一章開始，由於量子化學是本書的主題，所以一般會使用極座標。

　　當然，如果你「比較喜歡直角座標，所以想知道寫成直角座標形式時會是什麼樣子」也沒有關係，許多地方都會說明如何在兩種座標系之間轉換。座標系轉換是沒什麼問題，但直角座標系解釋起來就顯得麻煩許多。雖然一開始可能不習慣，但使用極座標來理解量子力學絕對是正確的選擇。

那麼，就讓我們來介紹什麼是極座標吧。下面的圖是將直角座標與極座標放在同一張圖中。我們可以用直角座標的數值（x, y, z）來表示電子e的位置，也就是從原點出發後沿著3個軸的方向分別前進的距離

相較之下，極座標會用單一距離（r）與2個角度 θ 與 φ 來表示粒子的位置。不管是哪一個座標系，都可以正確表示出粒子的位置。若用極座標來表示粒子的波函數與能量，可得到以下式子。

$$\psi(x, y, z) = \psi(r, \theta, \varphi)$$
$$= R(r)\Theta(\theta)\Phi(\varphi) \qquad (4)$$
$$E(x, y, z) = E(r, \theta, \varphi)$$
$$= E(r) + E(\theta) + E(\varphi) \qquad (5)$$

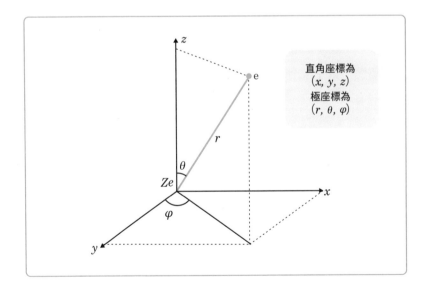

● 第 I 部結語

　　以上就是量子力學中，與量子化學有關部分的簡介。如果讓你覺得讀起來很困難的話，在這裡跟你說聲抱歉。不過從下一章開始，我們就會進入真正的量子化學，後面的內容就與第 I 部中出現的問題沒有直接相關了。

　　不過，量子力學畢竟是支撐量子化學的學問，在閱讀本書的過程中，或者各位讀者在學習其他化學理論的過程中，或許也會逐漸明白量子力學的理論。

　　另一方面，即使你在本書開頭的甜言蜜語教唆下，選擇跳過第 I 部內容，也一定不會後悔。就算你沒有看過第 I 部，也不會因此而看不懂第 II 部的內容。而看過第 I 部的讀者們，自然也能「放心閱讀之後的內容」。要是閱讀時有問題的話，再「翻到前面找找看答案」，這樣就可以了。

　　那麼，第 I 部到此結束，接下來我們將正式進入量子化學的世界。

穿隧效應

　　直線狀的粒子運動中，粒子的可運動範圍被限制在 $0 \sim L$ 之間，限制粒子運動範圍的是位能障礙。也就是說，在 $x < 0$、$L < x$ 的地方，位能障礙 V 比粒子的能量 E 還要高，由於粒子的能量無法超過位能障礙，所以粒子會停留在 $0 \sim L$ 的範圍內。

　　但這其實只是古典式的想法。若從量子力學的角度來看，粒子是可以穿過位能障礙的，這又叫做穿隧效應。不過，穿隧效應有條件限制。要是位能障礙 V 為無限大，或者障礙的厚度 l 是無限大的話，就不會出現穿隧效應。

　　不過只要滿足條件，粒子就可穿過位能障礙，移動到外面。**當然，穿過障礙的粒子，其存在機率會比原本的小。也就是說，V 愈高、l 愈厚，穿隧的機率就愈小。**

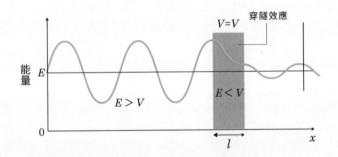

　　穿隧效應中，最為一般人熟知的例子是原子核衰變中的 α 衰變。α 衰變的過程中會釋放出 α 射線，是高速飛行的氦原子核，相當危險。不過像鈾那麼大的原子的原子核中，就存在了好幾個 α 粒子。

　　不過原子核周圍有很高的位能障礙 V，所以 α 粒子很難突破
這個位能障礙到外界，也就是無法放出 α 粒子。

　　然而，因為有穿隧效應，所以 α 粒子有低機率被釋放出來，
這就是我們觀測到的 α 射線。

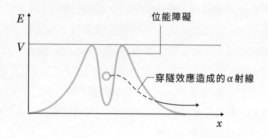

第 II 部 • 量子化學與原子、分子結構

第 3 章

原子結構

3-1

組成所有物質的
基本的微粒子

—— 原子結構

終於要正式進入量子化學領域了。前面提到的內容都可視為幫助你理解後面內容的準備。

所謂的量子化學，是分析原子的性質與鍵結，並透過原子間的鍵結分析分子的性質與反應性的理論。

● 原子核與電子雲

原子由球狀雲般的電子雲與位於中心的體積小、高密度原子核組成。電子雲是由電子（以符號 e 表示）構成的雲狀物，1 個電子帶有－1 的電荷。

做為粒子的電子為什麼會長得像雲一樣呢？第 1 章提到的海森堡測不準原理可以說明這點。

原子直徑約為 10^{-10} m，但原子核的直徑卻只有 10^{-14} m 左右。也就是說，原子直徑是原子核直徑的 1 萬倍大。**如果原子核的直徑是 1cm 的話，原子的直徑就會變成 1 萬 cm，也就是 100m。**如果原子像 2 個東京巨蛋球場夾起來的銅鑼燒般那麼大的話，原子核就像是投手丘上的一顆玻璃珠那麼小。

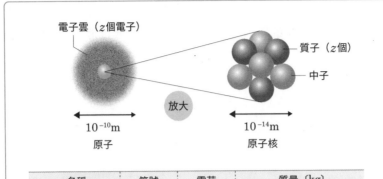

名稱		符號	電荷	質量〔kg〕
原子	電子	e	$-e$	9.1093×10^{-31}
	原子核 質子	p	$+e$	1.6726×10^{-27}
	中子	n	0	1.6749×10^{-27}

● 原子核的結構

原子核由質子（符號為p）和中子（符號為n）等2種粒子組成。質子和中子的重量幾乎相同（質量數皆為1），但帶有的電荷不同。質子帶有+1的電荷，中子則不帶電荷。與質子、中子相比，電子的質量小到可以忽略。

原子核的質子個數是該原子的原子序（符號Z），質子與中子的個數總和稱為質量數（符號A）。習慣上，我們會將原子序與質量數標註在元素符號的左下和左上。

原子序相同、質量數不同的原子互為同位素。所有原子都擁有1個以上的同位素。譬如氫H就有質量數為1的^{1}H（最常見的氫），質量數為2的氘^{2}H（符號為D），以及質量數為3的氚^{3}H（符號為T）。

原子擁有的電子個數與原子序相同。這就表示電子雲的電荷為$-Z$，而原子核的電荷為$+Z$，正負電荷彼此抵消，使原子整體為電中性。

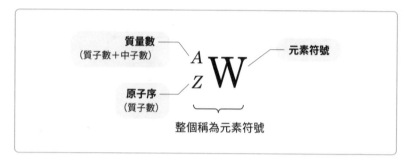

質量數
（質子數＋中子數）

元素符號

$$_Z^A\mathrm{W}$$

原子序
（質子數）

整個稱為元素符號

● 原子種類

各種原子可整理成週期表（參考本書的卷首拉頁）。最新的週期表上共有118種元素，不過地球自然界中存在的元素只有90種，最小的是$Z＝1$的氫H，最大的是$Z＝92$的鈾U。原子序比鈾還要大的元素皆為透過原子爐等方式人為製造出來的人造元素，又稱為超鈾元素。

週期表上方由左而右寫有1 ～ 18的數字，稱為族編號。舉例來說，1下方的H、Li、Na等元素合稱為1族元素。1、2族，以及13 ～ 18族元素合稱為典型元素，其他元素則稱為過渡元素。典型元素中，同一族的元素擁有相似物理性質、反應性質。

現代原子模型的建立需仰賴量子力學

—— 原子模型的變遷

構成原子的電子和原子核各有其專屬的反應。不過原子核的反應相當特殊，很少發生。核反應常會伴隨著極大的能量轉移，已不是一般化學領域討論的反應，而是由核化學這個特殊領域來處理。

相較之下，一般的化學反應只會牽涉到電子（電子雲）的轉移，不會牽扯到原子核的變化。因此，量子化學所討論的粒子只有電子。

也就是說，量子化學是一門研究在三維空間中，電子這種粒子的行為的學問。

● 原子的古典模型

過去的原子模型中，「原子核周圍的電子處於什麼樣的狀態」是科學家們討論的重點。

ⓐ 葡萄乾布丁模型（plum pudding model）

英國科學家 J · J · 湯姆森於 1904 年提出了第一個原子模型。在他的模型中，**帶有負電荷的電子（葡萄乾）散落漂盪在帶有正電荷的液體（布丁）之間，使整體保持電中性。**

國際上稱這種模型為 plum pudding model（梅子布丁模型），台灣則常稱為葡萄乾布丁模型。

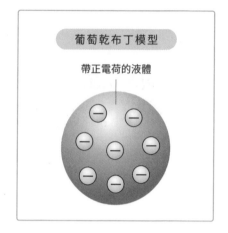

葡萄乾布丁模型

帶正電荷的液體

b 拉塞福模型

但是葡萄乾布丁模型無法說明許多實驗事實，於是日本的長岡半太郎、英國的拉塞福各自提出了彼此相似的原子模型。

模型中，**原子中心有1個帶有大電荷的粒子，周圍則有許多電子以土星環般的軌道繞著中心旋轉**。這個模型後來被稱為拉塞福模型。

不過從當時的電磁學的角度來看，如果帶電粒子繞著另一個帶電粒子公轉，

拉塞福模型

會持續釋放出能量，使公轉中的帶電粒子畫出螺旋狀的軌道，最後落至原子中心。這麼一來，質子和電子在形成穩定的原子之前就會消滅變成中子，使宇宙中只剩下中子星和黑洞。

◧ 波耳模型

接著就是我們曾在第1章中看過，由波耳在1913年時提出的量子模型。該模型中假設**質量為m的電子在原子核周圍，以v的速度在半徑為r的圓周軌道（orbit）上做圓周運動，其角動量為$\dfrac{h}{2\pi}$的整數倍。**

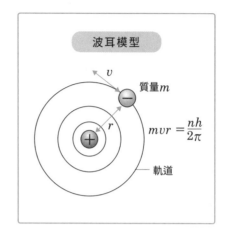

這個模型確實可以說明當時發現的實驗事實，卻沒辦法解釋為什麼角動量會量子化這個基本問題。其中，模型中的軌道就像是電車行走的鐵軌一樣。

● 量子論式的原子模型

科學家們陸續提出了各種模型來解釋原子狀態，後來則由量子力學統一了許許多多的理論。其中最關鍵的就是薛丁格於1926年提出的方程式——薛丁格方程式。

我們現在所使用的現代化原子模型，都是由這個方程式推導出來的。

如同我們在第Ⅰ部中看到的，薛丁格方程式中包含了能量E、波函數ψ、哈密頓算符H，一般會寫成

$$E\psi = H\psi$$

這樣的簡單形式。

如果是原子的話，哈密頓算符中的位能項V就是原子核（電

荷：+Ze）與電子（電荷：－e）之間的靜電吸引力，與電子及原子核之間的距離 r 成反比，定義如下

$$V = -\frac{Ze^2}{r}$$

計算上稍微有些複雜。

這裡的變數（包含 ψ）使用的是極座標，包括徑向距離 r（之後稱為動徑）與 2 個角度 θ、φ，故波函數 ψ 可分離成動徑函數 R（r）、theta 函數 Θ（θ）以及 phi 函數 Φ（φ）。

所以，原子的各個波函數都含有源自 R、θ、φ 的 3 個量子數。

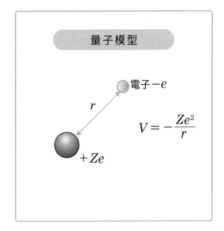

量子模型

電子 $-e$

r

$V = -\frac{Ze^2}{r}$

$+Ze$

3-3

原子中的電子
以什麼樣的狀態存在？

—— 電子軌域

前節中提到了3個量子數，分別是源自動徑函數的量子數n，以及源自2個角度函數的量子數l、m。它們分別有自己的名稱，n叫做主量子數、l叫做角量子數、m叫做磁量子數。

除此之外，電子還有所謂的自旋量子數s。這個量子數源自於電子的自旋（自轉），依旋轉方向（往右旋轉、往左旋轉）的不同，s可能為$\frac{1}{2}$或$-\frac{1}{2}$。化學上一般以單一電子往上或往下的箭頭來表示自旋方向。

量子數的可能範圍

n：主量子數（r）
　　$1, 2, 3, \ldots\ldots$

l：角量子數（θ）
　　$0, 1, 2, \ldots\ldots, (n-2), (n-1)$

m：磁量子數（φ）
　　$0, \pm1, \pm2, \ldots\ldots, \pm(l-1), \pm l$

s：自旋量子數
　　$\pm\frac{1}{2}$

電子自旋

● 量子數組合

　　量子數的數值有一定範圍。**主量子數 n 必為不包含 0 的正整數。角量子數 l 可以是包含 0 的整數，但最大為 $(n-1)$。磁量子數 m 需為包含 0 的正負整數，最大為 $+l$、最小為 $-l$。**各量子數的簡單組合可參考次頁的表。

● $n = 1$ 時

　　主量子數 $n = 1$ 時，角量子數 l 只能為 0。而 $l = 0$ 時，磁量子數 m 只能為 0。我們可以像這樣用 3 個量子數 (n, l, m) 來定義軌域。每個軌域有 2 個自旋量子數 $s = \pm\dfrac{1}{2}$，所以 1 個軌域最多可以容納 2 個電子。

● $n = 2$ 時

　　主量子數 $n = 2$ 時，角量子數 l 可以為 0 或 1。$l = 1$ 時，m 可以為 -1、0、1 的 3 種。故 $n = 2$ 時，電子殼層 (n, l, m) 有 4 個軌域，分別是 $(2, 0, 0)$、$(2, 1, -1)$、$(2, 1, 0)$、$(2, 1, 1)$，再算上自旋量子數後，共可容納 8 個電子。

● 軌域的種類

　　同一個主量子數 n 的軌域合稱為電子殼層。每個電子殼層都有其專有名稱，$n = 1$、2、3……的電子殼層分別稱為 K 層、L 層、M 層、……，以英文字母的 K 開始命名。

　　每個角量子數 l 所代表的軌域也有其對應的專有名稱，$l = 0$、1、2、……所代表的軌域分別叫做 s 軌域、p 軌域、d 軌域、……。角量子數 l 之下還有磁量子數 m，m 介於 $-l$ 到 $+l$ 之間。$l = 0$ 時的 s 軌域只有 $m = 0$ 的 1 個軌域，$l = 1$ 的 p 軌域有 $m = -1$、

0、+1的3個軌域，$l = 2$的d軌域則有$m = -2 \sim +2$，共5個軌域存在。

因為主量子數不同的電子殼層含有相同的s、p、d軌域，故當我們特指某個電子殼層的某個軌域時，會在前面加上主量子數，譬如1s軌域、2s軌域……等。

因此，K層中只有1個1s軌域，L層有1個2s軌域和3個2p軌域。

量子數的組合

殼層名	K	L			M						
n	1	2			3						
l	0	0	1		0	1			2		
m	0	0	-1	0	1	0	-1	0	1	-2	-1	0	1	2
s	↑↓	↑↓	↑↓	↑↓	↑↓	↑↓	↑↓	↑↓	↑↓	↑↓	↑↓	↑↓	↑↓	↑↓
軌域名	1s	2s	2p			3s	3p			3d				

● 軌域函數

就一般的原子來説，解出薛丁格方程式，或者説推導出薛丁格方程式的解析解是不可能的事。這是因為根據數學上的原理，我們「無法完全解析出由3個以上運動中且彼此互相作用之物體所構成的系統」。

所以説，**僅含原子核與1個電子共2個物體的氫原子，其薛丁格方程式可以算出解析解。但比這更大的原子就只能算出薛丁格方程式的近似數值解了**。做為參考，次頁列出氫原子的軌域函數。

第3章

原子結構

殼層名	軌域名		量子數			軌域函數 $\psi=R(r)\Theta(\theta)\Phi(\varphi)$
			n	l	m	
L	2p	z	2	1	0	$\psi_{2p_z} = \dfrac{1}{4\sqrt{2\pi}} \left(\dfrac{Z}{a_0}\right)^{\frac{3}{2}} \dfrac{Zr}{a_0} e^{-\frac{Zr}{2a_0}} \cos\theta$
		x	2	1	1	$\psi_{2p_x} = \dfrac{1}{4\sqrt{2\pi}} \left(\dfrac{Z}{a_0}\right)^{\frac{3}{2}} \dfrac{Zr}{a_0} e^{-\frac{Zr}{2a_0}} \sin\theta \sin\varphi$
		y	2	1	-1	$\psi_{2p_y} = \dfrac{1}{4\sqrt{2\pi}} \left(\dfrac{Z}{a_0}\right)^{\frac{3}{2}} \dfrac{Zr}{a_0} e^{-\frac{Zr}{2a_0}} \sin\theta \sin\varphi$
	2s		2	0	0	$\psi_{2s} = \dfrac{1}{4\sqrt{2\pi}} \left(\dfrac{Z}{a_0}\right)^{\frac{3}{2}} \left(2 - \dfrac{Zr}{a_0}\right) e^{-\frac{Zr}{2a_0}}$
K	1s		2	0	0	$\psi_{1s} = \dfrac{1}{\sqrt{\pi}} \left(\dfrac{Z}{a_0}\right)^{\frac{3}{2}} e^{-\frac{Zr}{a_0}}$

　　次頁圖為軌域函數的圖形。試比較 1s 軌域函數與 2s 軌域函數。2s 軌域函數可延伸到動徑（r）較大的區域，這表示 2s 軌域的體積比 1s 軌域還要大。

　　要注意的是，函數值有正值部分與負值部分。1s 函數皆為正值，但 2s 函數中間會轉為負值。2p 函數在動徑為正值的部分中，函數值皆為正值；動徑為負值的部分中，函數皆為負值。這和之後提到的分子反應性有很大的關係，請多加留意。

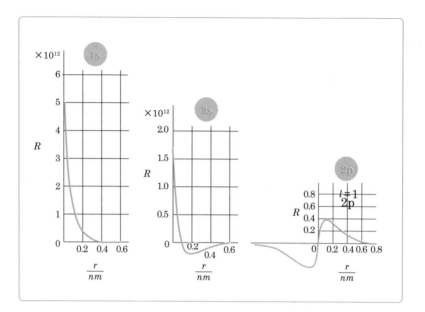

為什麼要從「K」開始？

　　為什麼為電子殼層命名時，不是從英文字母的A開始，而是從中間的K開始呢？答案有很多種說法，而最常見的是以下說法。據說提出電子殼層概念的科學家認為，沒有證據顯示一開始定義的電子殼層是最小的殼層，因此未來如果發現更小的電子殼層的話，命名上可能會有些麻煩，於是將當時認為最小的電子殼層命名為位於英文字母表中間的「K」。

各軌域皆有其特有能量

—— 軌域的能量

軌域函數的能量稱為軌域能量。之後我們會提到,軌域內填有電子,所以軌域能量指的就是電子的能量。

● 軌域能量

解氫原子的薛丁格方程式,可得到主量子數 $n = 0$ 的軌域能量 E_0 如式(1)所示。而主量子數 n 的軌域能量與 E_0 的關係則如式(2)所示。

式(2)顯示軌域能量與主量子數 n 的平方成反比,且軌域能量為量子化的能量。

$$E_0 = -\frac{me^4}{8{\varepsilon_0}^2 h^2} \quad \text{(1)（H的1s軌域能量）}$$

$$E_n = \frac{Z^2}{n^2} E_0 \quad \text{(2)}$$

m	：電子質量
h	：普朗克常數
e	：電子電荷
Z	：原子序(H的Z=1)
ε_0	：真空介電常數

● 能階

將電子軌域依能量大小排序後可得到能階,將其畫成圖後可

以得到能階圖。

　　能階圖有幾個重點，如下所示。

①令不屬於原子的電子，也就是自由電子的位能為基準（$E = 0$）。

②測出來的能量為負值。

③負愈多的能階（圖的下方）能量愈低（穩定），愈靠近0的能階
　（圖的上方）能量愈高（不穩定）。

④可把位能視為軌域能量。

　　其中②、③與我們平常的習慣不同，請特別注意。④則和我
們日常生活中感受到的位能相同，圖中愈上面愈不穩定，愈下面愈
穩定。

● 電子殼層能量與軌域能量

　　式（2）所表示的能量中，只有主量子數 n 這個量子數。因為
這是只有1個電子的氫原子的能量。若該原子擁有多個電子的情
況，那麼 l、m 等量子數也會產生影響。

　　式（2）的能量可視為電子殼層的能量，故也稱作電子殼層能
量。相對的，包含量子數 l、m 的能量式則稱為軌域能量。由次頁
圖中可以看出，同一個電子殼層中，軌域的能量大小依序為s軌域
＜p軌域＜d軌域。

　　每個電子殼層都有3個p軌域，這3個p軌域的能量彼此相
等；每個電子殼層中的5個d軌域也擁有相同能量。

　　如同我們前面提到的，能量相同的不同軌域彼此互為簡併關
係。p軌域有3個簡併軌域，故稱為三重簡併；d軌域則是稱為五
重簡併。

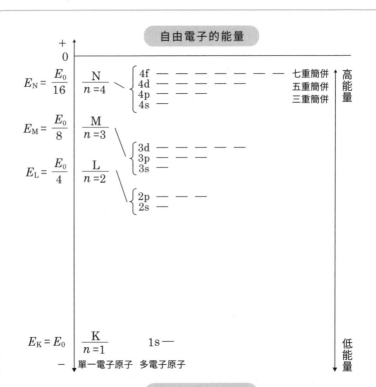

3-5

軌域的形狀各有特色

軌域的形狀

　　如同我們前面提到的，波函數 ψ 可用以表示粒子的行為，平方後的 ψ^2 則可表示粒子的存在機率。存在機率代表粒子如何存在且存在於哪些部分的分布情況，因此軌域函數可以用來描述軌域的形狀。

● s軌域、p軌域、d軌域的形狀

　　畫出軌域的形狀後，該圖形就是可以用來說明原子的物理性質、反應性以及分子的反應的基本資料。因此請將這些軌域形狀印在腦海裡。接下來，讓我們來看看幾個本書會提到的軌域形狀吧。

　　● s軌域：像「糯米糰」般的球狀。

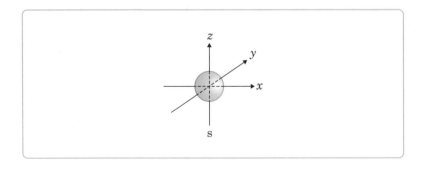

- **p軌域**：像是2個糯米糰連在一起的「糰子串」形狀。p軌域有 p_x、p_y、p_z 的3種，形狀完全相同，不一樣的只有方向。也就是説，p_x 軌域就像是竹籤在 x 軸方向上的糰子串，p_y、p_z 則分別是竹籤在 y 軸、z 軸方向上的糰子串。重要的是，若將這3個p軌域疊起來，可以覆蓋整個空間。

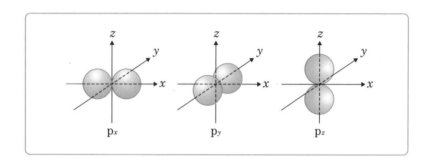

- **d軌域**：d軌域的形狀稍微複雜一些，<u>形狀基本上就像四葉草的葉片一樣</u>。請注意名稱旁邊的下標文字，其中一個d軌域的下標為 $x^2 - y^2$，還有一個下標是 z^2。由圖可以看出，這2個軌域的四葉草葉片都在三軸方向上。

　　剩下3個軌域的下標分別是 xy、yz、zx。這3個軌域的四葉草葉片分別在 xy 平面、yz 平面、zx 平面上。與p軌域類似，將這5個軌域疊起來時，可以覆蓋整個空間。

　　另外要説的是，當各位閱讀其他量子化學的書籍時，也會看到與本書同樣的「軌域圖形」。其他書可能會再加上正號、負號等標示，這並沒有錯。如同我們在前面的章節中提到的，那些圖指的是軌域函數本身，不是電子的存在機率，也不是軌域的形狀。如果是軌域函數的話，就有正值部分與負值部分。

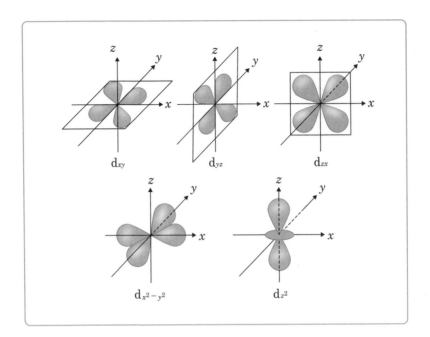

● 空間的量子化與節

我們在第1章第2節中有提到空間的量子化。微粒子會在空間中的特定區域以分散的形式存在。我們在這裡看到的軌域形狀，正是空間量子化的表現。另外，不管是p軌域還是d軌域，都有凹陷的部分，也就是不存在電子的部分。這裡是軌域的sin函數由正轉負的地方，也就是「節」所在的位置。所以說，軌域的形狀可以說是由節與空間量子化決定的。

電子會以何種狀態
填入哪個軌域？

── 電子組態

原子內有許多電子。這些電子並不是「任意分布」在原子核的周圍，每個電子都有屬於它們的位置，那就是軌域。

所有電子都必須待在某個軌域內，但電子不能自由選擇要待在哪個軌域。電子填入軌域有一定的規則，就像公寓也有入住規定一樣。

所謂的電子組態，就是在描述電子以何種狀態填入哪個軌域。電子組態因為是與原子的物理性質、反應性直接相關，所以相當重要。

● 電子組態的規則

將電子填入軌域時需遵循 2 個原則，這 2 個原則分別以發現者的名字命名為「洪德定則」和「包利不相容原理」。

這裡就將這 2 個原則簡單整理成 4 個「規則」來介紹，如下所示。

①電子需從能量最低的軌域開始依序填入。軌域的能量高低順序如下。

$1s < 2s < 2p < 3s < 3p \cdots\cdots$

②在 1 個軌域內填入 2 個電子時，這 2 個電子的自旋方向相反。

③1個軌域最多只能填入2個電子。

④多個軌域能量相等時，在不同軌域內填入自旋方向相同的電子會是較穩定的狀態（故會優先以這種方式填入電子）。

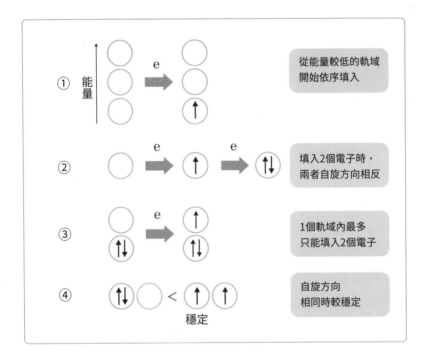

● 電子組態

用實際的原子來思考電子組態會比較好理解。讓我們依照週期表中的原子序，將電子依序填入軌域吧。

H：H有1個電子。因此依照規則①，將這個電子填入能量最低的1s軌域。

元素的電子組態

H
1s ⟨↑⟩

He
⟨↑↓⟩

	Li	Be	B	C	N	O	F	Ne
2p	○○○	○○○	↑○○	↑↑○	↑↑↑	↑↓ ↑ ↑	↑↓ ↑↓ ↑	↑↓ ↑↓ ↑↓
2s	↑	↑↓	↑↓	↑↓	↑↓	↑↓	↑↓	↑↓
1s	↑↓	↑↓	↑↓	↑↓	↑↓	↑↓	↑↓	↑↓

	Na	Mg	Al	Si	P	S	Cl	Ar
3p	○○○	○○○	↑○○	↑↑○	↑↑↑	↑↓ ↑ ↑	↑↓ ↑↓ ↑	↑↓ ↑↓ ↑↓
3s	↑	↑↓	↑↓	↑↓	↑↓	↑↓	↑↓	↑↓
2p	↑↓ ↑↓ ↑↓	↑↓ ↑↓ ↑↓	↑↓ ↑↓ ↑↓	↑↓ ↑↓ ↑↓	↑↓ ↑↓ ↑↓	↑↓ ↑↓ ↑↓	↑↓ ↑↓ ↑↓	↑↓ ↑↓ ↑↓
2s	↑↓	↑↓	↑↓	↑↓	↑↓	↑↓	↑↓	↑↓
1s	↑↓	↑↓	↑↓	↑↓	↑↓	↑↓	↑↓	↑↓

	C－1	C－2	C－3
2p	↑↓ ○○	↑ ↓ ○	↑ ↑ ○
2s	↑↓	↑↓	↑↓
1s	↑↓	↑↓	↑↓

激發態　　　　　　　　基態

He：He的第2個電子需依照規則①、②，填入1s軌域，自旋方向與第1個電子相反。像這種**在同一個軌域內的2個電子，稱為「電子對」**。相對的，像氫一樣在軌域內只有1個電子的情況，則稱為「**不成對電子**」。

　　這麼一來，K層的軌域就被填滿了。像這種**電子殼層的電子全部被填滿的狀態，稱為閉殼層結構**。閉殼層結構下穩定性特別高。相對的，像氫一樣軌域沒有填滿的狀態，則稱為**開殼層結構**。

Li：依照規則③，第3個電子無法填入1s軌域，所以需依照①填

入第二穩定的2s軌域才行。

Be：依照①～③，第4個電子需填入2s軌域，形成電子對。

B：依照①～③，第5個電子需填入2p軌域。2p軌域有3個，不管填入哪個軌域都可以。

C：碳元素在填入電子時會出現新的問題。碳元素的第6個電子有3種填入方式，如圖中的C－1～C－3，而這3種軌域能量完全相同。

這時候就輪到規則④登場了。也就是，電子自旋方向相同時會比較穩定的規則。這就表示，2個電子自旋方向相同的C－3會比較穩定。所以碳原子擁有2個不成對電子。

就這樣，**當原子或分子的電子組態有多種可能時，最穩定的狀態（低能量狀態，C－3）稱為**基態，相對的，C－1、C－2這**種不穩定的狀態（高能量狀態）就稱為**激發態。

激發態的原子雖不穩定，但並非不存在。只要獲得足夠的能量，原子也能夠轉變成激發態。或者說，高能量狀態的原子，其電子組態就是激發態。然而，**通常激發態並不穩定，很容易釋出多餘能量，回到基態。**

N：如前所述，依照規則④，第7個電子會填入仍處於空白狀態的p軌域，自旋方向與另外2個電子相同，所以N有3個不成對電子。

O：第8個電子不會填入3s軌域，而是依照規則①，填入能量較低的2p軌域。因此，氧原子的2p軌域有1個電子對，不成對電子則有2個，比N少1個。**這種電子總數增加，不成對電子卻減少的現象，在之後提到的化學鍵時是相當重要的概念，請先牢記在腦中。**

F：第9個電子仍會依照規則填入，如圖所示。所以F的不成對電子會再少1個。

Ne：填入第10個電子後，會使L層成為閉殼層結構，與He一樣變得相當穩定。

之後的原子基本上仍依照Li～Ne的方式填入電子。

● 最外層電子

將電子填入軌域時，位於最外側的軌域稱為<u>最外層</u>，而填入此處的電子則稱為最外層電子。如果是典型元素，最外層電子也叫做<u>價電子</u>。價電子在化學反應中扮演著相當重要的角色。之後的章節中，會提到所謂的前緣分子軌域，和這裡講到的最外層電子、價電子是同樣的概念，請先牢記在腦中。

第**4**章

化學鍵

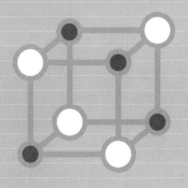

4-1

原子藉由化學鍵組成分子

—— 化學鍵是什麼？

　　所有物質都是化學的研究對象。週期表中，除了由第 18 族元素構成的惰性氣體之外，所有物質都是由分子構成，所有分子都是由原子構成，而原子的結構則如前章所述。接下來我們將介紹分子的結構、物理性質以及反應性。

　　分子是由多個原子以化學鍵結合在一起的結構。因此分子的本質就是鍵結。

　　鍵結有很多種，其中最典型、最有化學風格、對許多分子特別是有機分子來說最重要的鍵結，就是共價鍵。本章就讓我們從量子化學的觀點來看看鍵結的種類與性質吧。

● 吸引力與化學鍵

　　牛頓力學的理論中有提到，所有物體都會因為萬有引力的影響，而彼此吸引。萬有引力當然也會作用於原子或分子等粒子，不過，對於質量非常小的粒子來說，萬有引力的作用強度相當弱，弱到就算無視也沒問題的程度。

　　「鍵結」才是作用於原子之間，讓原子能夠彼此結合的力量。鍵結的特色在於，它只在非常短的距離間才能發揮作用。鍵結有多種長度，不過一般會在 10^{-10}m 左右，幾乎和原子的直徑差不

多長。

● 化學鍵的種類

鍵結有很多種類。原子間的結合都叫做鍵結，大致上可分成離子鍵、金屬鍵、共價鍵等。除了鍵結之外，分子間還有所謂的分子間作用力，這部分也有各式各樣的種類，其中又以氫鍵最為人熟知。

量子化學主要討論的是共價鍵。讓我們把共價鍵放在後面詳細介紹，先來簡單說明其他鍵結的情況吧。

a 離子鍵

電中性的原子A拿掉1個電子後，會形成帶正電的陽離子A^+。相對的，原子B加上1個電子後，會形成帶負電的陰離子B^-。這時候，**如果拉近A^+與B^-的距離，兩者就會因為靜電吸引力彼此吸引。這就是離子鍵。**

以離子鍵結合的物質中，A^+的附近會存在許多個B^-。這些B^-皆與A^+保持相同距離時，所有的B^-就會和A^+之間擁有相同的靜電吸引力，這叫做**不飽和性**。這時候，鍵角$\angle BAB$並不固定，稱為**無方向性**。**和共價鍵相比時，不飽和性與無方向性是離子鍵的重要特徵。**

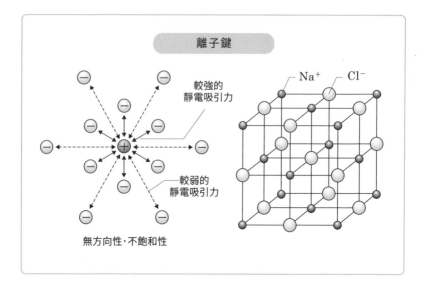

b 金屬鍵

　　金屬原子拿掉 n 個價電子後，會得到金屬離子 M^{n+}。金屬結晶中的金屬離子會在三維空間中整齊排列堆疊，空隙中有許多價電子來來去去，金屬離子就像是浸泡在價電子構成的漿糊內一樣。這些電子稱為自由電子。

　　所以說，**金屬鍵就像是帶正電的金屬離子與帶負電的自由電子彼此黏在一起般的鍵結。**

c 氫鍵

　　位於週期表右上方的 O、F、Cl 等原子容易形成陰離子；位於週期表左方的 H、Li、Na 等原子容易形成陽離子。

　　原子吸入 1 個電子，轉變成帶負電粒子的容易程度，稱為電負度。 P.88 的圖中列出了週期表中各個原子的電負度。電負度愈大的原子，愈容易吸引電子。

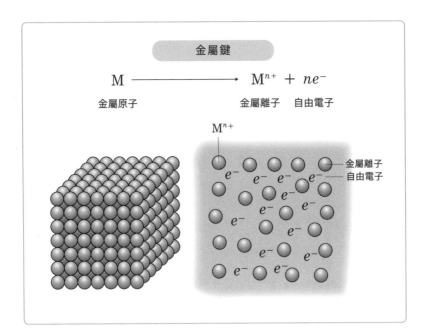

金屬鍵

$$M \longrightarrow M^{n+} + ne^-$$

金屬原子　　　　　　　金屬離子　自由電子

M^{n+}

金屬離子
自由電子

　　以水分子的 O－H 鍵為例，O 的電負度為 3.5，比 H 的電負度 2.1 還要大，所以 O－H 鍵的電子雲會偏向 O 這一邊，所以 O 帶有部分負電（$\delta-$）、H 帶有部分正電（$\delta+$）。於是其中一個水分子的 O 會與另一個水分子的 H 產生靜電吸引力，這種吸引力就叫做氫鍵。

　　液態水中，多個水分子會藉由氫鍵連接成分子集團，這種集團一般稱為團簇（cluster）。

電負度

H							He
2.1							
Li	Be	B	C	N	O	F	Ne
1.0	1.5	2.0	2.5	3.0	3.5	4.0	
Na	Mg	Al	Si	P	S	Cl	Ar
0.9	1.2	1.5	1.8	2.1	2.5	3.0	
K	Ca	Ga	Ge	As	Se	Br	Kr
0.8	1.0	1.3	1.8	2.0	2.4	2.8	

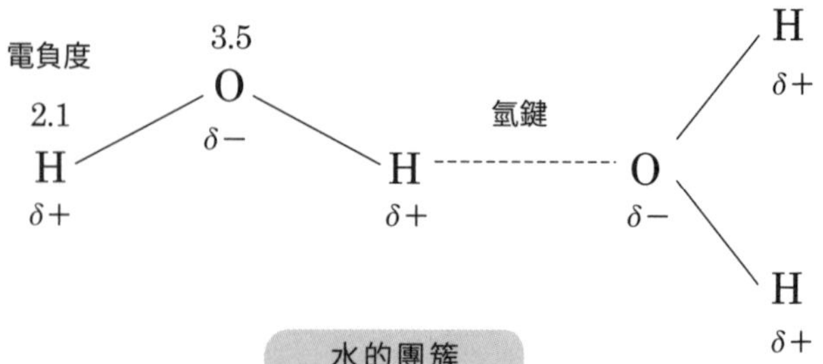

水的團簇

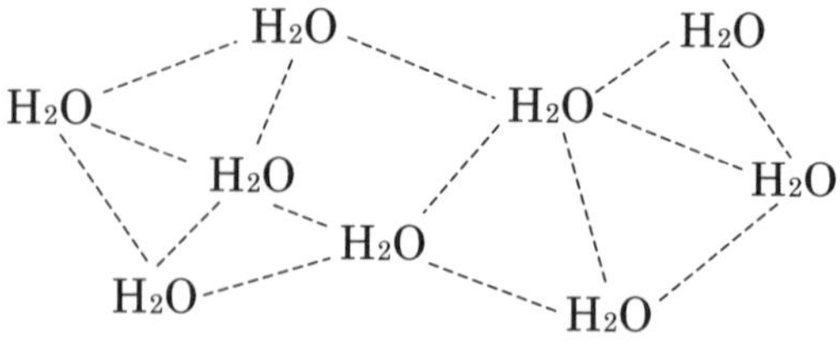

4-2

原子軌域重疊
所產生的鍵結

—— 共價鍵

所有有機分子都含有共價鍵，共價鍵可以說是最典型的化學鍵結。

以下就讓我們從量子化學的觀點來看什麼是共價鍵吧。

● 氫分子

最典型也最基礎的共價鍵是氫分子的鍵結。讓我們來看看2個氫原子H鍵結後得到氫分子H_2的過程吧。

2個氫原子靠近後，彼此的1s軌域會出現重疊。在形成分子後1s軌域會消失，接著在2個氫原子核的周圍形成新的軌域，**這個新的軌域是（氫）分子專屬的軌域，稱為分子軌域**（Molecular Orbital，MO）。**相對的，1s軌域是專屬於（氫）原子的原子軌域**（Atomic Orbital，AO）。

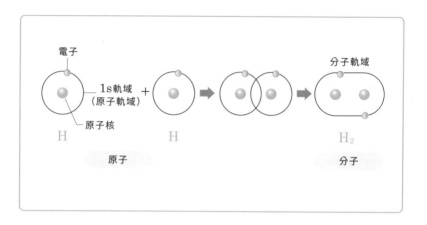

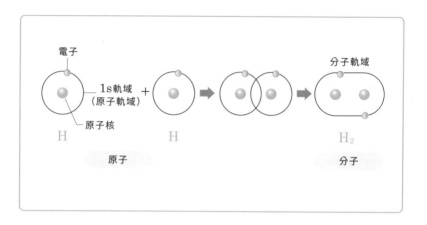

電子

1s軌域
（原子軌域）

原子核

H

H

H₂

分子軌域

原子

分子

● 鍵結電子雲

　　形成分子之後，原本分別屬於2個氫原子的電子，合計有2個電子就會填入分子軌域。**這2個電子主要存在於原子核間的區域。就像前一節提到的金屬鍵的自由電子一樣，這2個帶負電的電子會像漿糊一樣，把2個帶正電的原子核黏在一起，所以也稱為鍵結電子雲。**

　　所以說，形成共價鍵時，2個原子必須各提供1個電子（不成對電子），使這2個電子形成鍵結電子雲才行。因為是由2個原子共用鍵結電子雲所形成的鍵結，所以叫做共價鍵。這表示，**形成共價鍵的必要條件是2個原子需擁有不成對電子，也就是只有1個電子的軌域。**

　　只有1個不成對電子的原子，只能形成1個共價鍵；有2個／3個不成對電子的原子，可以形成2個／3個共價鍵。原子的不成對電子數也叫做**價數**。

　　由前面提到的電子組態可以知道，氧O、氮N的價數分別是2、3。值得一提的是，碳雖然只有2個不成對電子，價數卻是4。

之後會再說明這一點。

● 分子的薛丁格方程式

以量子化學方法分
析分子時，基本上和分析
原子時相同。也就是寫出
薛丁格方程式，然後求方
程式的解，得到波函數與能量函數。

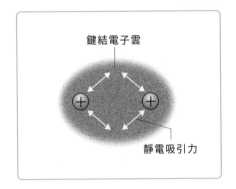

鍵結電子雲

靜電吸引力

分子的薛丁格方程式基本形式與原子相同，如式（1）。

$$E\Psi = H\Psi \qquad (1)$$

為了與原子的波函數 ψ 做出區別，上式中的分子波函數以大寫
Ψ 表示。

前面說明量子力學的章節中，薛丁格方程式僅用於說明單一
粒子的行為。但氫原子中的粒子有2個原子核與2個電子，共4個
粒子。所以如同次頁的圖所呈現的，這些粒子之間的作用力包括4
個靜電吸引力與2個靜電排斥力，共6個力。由這6個力可計算出
位能 V。

前面有提到，原則上我們無法計算出比氫原子大之系統的薛
丁格方程式解析解（第3章第3節）。而在分子這種含有好幾十個
電子的大型系統中，即使要算出薛丁格方程式的近似數值解也沒那
麼容易。

以下就讓我們來看看如何寫出薛丁格方程式的近似算式，並
求出它的解。

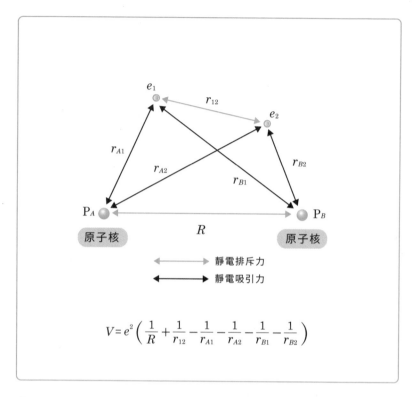

$$V = e^2 \left(\frac{1}{R} + \frac{1}{r_{12}} - \frac{1}{r_{A1}} - \frac{1}{r_{A2}} - \frac{1}{r_{B1}} - \frac{1}{r_{B2}} \right)$$

● LCAOMO

計算薛丁格方程式的近似式時，我們會令分子軌域函數 ψ 為近似函數，再用原子軌域函數 φ 來表示，也就是將分子軌域函數以原子軌域函數的線性組合來表示。所謂的線性組合，指的是在函數 A、B、C 分別乘上適當的係數 a、b、c 後再加總，即可得到 $aA + bB + cC$ 的結果。由這種方式得到的分子軌域函數，就稱為線性組合函數 LCAOMO（Linier Combination of Atomic Orbital）

函數 A、B、C 是構成分子之各原子的原子軌域函數。原子軌域函數 φ 經過極為複雜的近似計算後，已十分接近正確結果，

我們可以直接使用這個結果，接著只要選擇最符合分子軌域的 LCAOMO 係數 a、b、c 就好。也就是說，**分子軌域法中，計算的本質就是求出係數 a、b、c。**

第
4
章

化
學
鍵

量子化學之窗

量子化學與計算機

量子力學、量子化學的基本概念在 20 世紀初期就大致建構完成，但這些概念大多仍停留在數學式中。換言之，就算我們理解這些概念，能具體推導出數學式，卻無法實際應用在原子、分子的計算上，就像是畫在紙上的大餅一樣。

因此，科學家們著手開發能使計算簡單化的近似法，包括原子價組合法、共振法等。其中，下一節介紹的分子軌域法，是一個相當簡單，卻也相當好用的方法。

現在的電子計算機已可計算相當複雜的數學，拜其所賜，現代科學也有了驚人的發展。

4-3

分子軌域的計算基本上由＋－×÷構成

—— 分子軌域法的計算

　　讓我們用結構最簡單的分子——氫分子為例，說明如何計算 LCAOMO 的分子軌域。

　　本節與第 4 節中會出現許多數學式。這是因為分子軌域法是由數學計算建構起來的理論，又叫做分子軌域計算法，所以不可能不提到數學。不過真要説起來，這個部分和本書一開始提到的量子力學一樣，不讀也沒關係，更重要的部分在第 5 章之後。

　　然而，如果本書省略這個部分的話，可能會有不少人覺得「感覺內容不夠充分」、「感覺不扎實」、「好像在唬弄讀者一樣」。為了滿足這些對數學計算要求較高的讀者，所以才加入本章。一般讀者就算跳過本章也沒關係。

　　而且，本章的計算式中會出現 ψ、φ、α、β、H_{mm}、S_{mm} 等平常很少見的符號，看起來可能會讓人覺得有些困難。雖説如此，這些只是單純的符號而已。所謂的計算，也只是在這些符號間的乘法與除法。

　　我們會把這些計算的過程全部寫出來，各位只要點點頭，大致掃過去就可以了。

　　那麼就開始吧。

● LCAOMOψ

令構成氫分子H_2的2個氫原子分別為H_1、H_2，並且它們的1s軌域函數分別為φ_1、φ_2，係數分別為c_1、c_2，那麼氫分子的LCAOMOψ可寫成式（1）。將式（1）代入第1章中介紹的能量方程式式（2），就能得到式（3），再分別展開分子與分母，可得到式（4）。

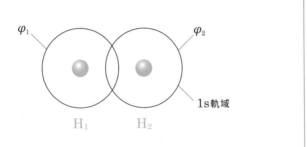

$$\psi = c_1\varphi_1 + c_2\varphi_2 \qquad (1)$$

已知：φ_1, φ_2
未知：ψ, c_1, c_2
欲求算：c_1, c_2

$$E = \frac{\int \psi H \psi d\tau}{\int \psi^2 d\tau} \qquad (2)$$

$$= \frac{\int (c_1\varphi_1 + c_2\varphi_2) H (c_1\varphi_1 + c_2\varphi_2) d\tau}{\int (c_1\varphi_1 + c_2\varphi_2)^2 d\tau} \qquad (3)$$

$$= \frac{c_1{}^2 \int \varphi_1 H \varphi_1 d\tau + 2c_1 c_2 \int \varphi_1 H \varphi_2 d\tau + c_2{}^2 \int \varphi_2 H \varphi_2 d\tau}{c_1{}^2 \int \varphi_1{}^2 d\tau + 2c_1 c_2 \int \varphi_1 \varphi_2 d\tau + c_2{}^2 \int \varphi_2{}^2 d\tau} \qquad (4)$$

● 各項的意義

式（4）中有 4 種項。以下將說明各項代表什麼意義。

a $S_{mm} = 1$：標準化

分母的第 1 項與第 3 項為函數的平方在全空間中的積分，這種項一般會以符號 S_{mm} 表示。如同我們在第 1 章中看到的，這代表粒子的存在機率總和。存在機率總和為粒子的個數，所以會等於 1，如式（5）所示。前面我們也曾提過，這個過程就稱為標準化。

● 標準化　　　$\int \varphi_1{}^2 d\tau = \int \varphi_2{}^2 d\tau = S_{mm} = 1$　　　(5)

機率總和為 1

b 重疊積分（overlap integral）

分母第 2 項為相異函數乘積的積分，也叫做重疊積分，以符號 S_{mn} 表示（式（6））。m、n 為代表原子軌域函數的符號。

重疊積分如名稱所示，可表示原子軌域的重疊程度。完全不重疊的時候 $S = 0$；完全重疊時則和標準化的 S_{mm} 一樣，$S = 1$。換言之，在 s 軌域的情況下，S 會在 0 和 1 之間變動。

不過，當 2 個 p_x 軌域在 x 軸上重合時，狀況就不一樣了。p 軌域函數有正值部分與負值部分，所以隨著兩原子的靠近，S 會由正值變成負值，再變成正值。

距離 $r = 0$ 時兩原子完全重合，此時 $S = 1$。2 個 s 軌域／2 個 p 軌域之間的距離（$S-S$／$P-P$），與重疊積分 S 之間的關係

如下圖所示。

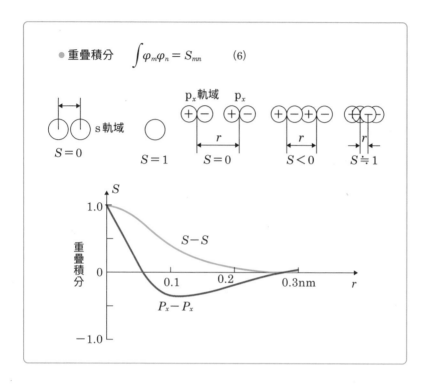

- 重疊積分 $\quad \int \varphi_m \varphi_n = S_{mn}$ $\quad$ (6)

C 庫侖積分（coulomb integral）

式（4）分子部分的第1項與第3項為2個相同的函數 φ_m 夾住哈密頓算符 H。這種積分形式被稱為庫侖積分，常以 H_{mm} 或符號 α（alpha）來表示（式（7））。

如同我們在第1章中看到的，庫侖積分常用來表示粒子的能量，也就是原子軌域的能量。這裡的例子是氫原子，所以 α 指的是 1s軌域的能量。

這也意味著，未鍵結之氫原子的能量在分子軌域法中會等於 α。而**在形成鍵結，系統穩定下來之後，系統的能量會變得比 α 還**

要低。換言之，鍵結的穩定性，也就是鍵結的強度可以用 α 當作是基準。

●庫侖積分　　　$\int \varphi_m H \varphi_m = H_{mm} = \alpha$　　　(7)

　　　　　　　　1s軌域的能量

d 共振積分（resonance integral）

　　分子部分的第2項是相異函數夾著 H 的積分。這種積分常以 H_{mn}，或符號 β（beta）來表示，稱為共振積分（式（8））。

　　共振積分中，H 被2個函數夾住的形式與庫侖積分類似。由此可見共振積分同樣也是表示能量的形式。

　　另外，共振積分中，有2個相異函數相乘的形式與重疊積分類似。故函數重疊的程度可決定積分結果的大小。**分子軌域法中，鍵能會以 β 為單位表示。**

●共振積分　　　$\int \varphi_m H \varphi_n = H_{mn} = \beta$　　　(8)

4-4

用微分求算能量的極小值

—— 變分法

如同我們前面提到的，計算分子軌域時，求算分子軌域函數
（第4章第3節的式（1））的係數 c_n 是主要目標之一。這時候我們
會用到一個強力武器——變分法。

● 變分原理

將前一節提到的符號代入前一節用以表示能量的式（4）後，
可得到以下式（1）。

$$E = \frac{c_1^2 H_{11} + 2 c_1 c_2 H_{12} + c_2^2 H_{22}}{c_1^2 S_{11} + 2 c_1 c_2 S_{12} + c_2^2 S_{22}} = F(c_1, c_2) \qquad (1)$$

式（1）乍看之下很複雜，一堆 c_1、c_2 之類的未知數，但其
實它們只是單純的係數而已。因此，我們可以將這個式子視為以
c_1、c_2 為變數的函數 $F(c_1, c_2)$。若將此2個變數中的 c_2 固定，改
變 c_1，則可得到能量 E 的變化如次頁圖所示。

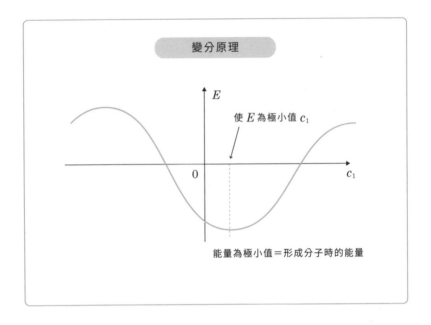

變分原理

E

使 E 為極小值 c_1

0

c_1

能量為極小值＝形成分子時的能量

在這層關係下，我們應該要如何選擇 c_1，才能得到我們想要的氫分子能量 E 呢？

2個氫原子之間存在多種「關係」。決定2個氫原子是否形成分子的關鍵，在於它們是否處於最穩定的狀態，也就是能量是否為極小值。因此，**可以讓 E 達到極小值的 c_1，就是我們要算的 c_1 值。這種概念稱為變分法。**

可能你在國中時就有學過，微分可以用來求算函數的極小值。所以只要將式（1）對 c_1 微分就好。同樣的，再將式（1）對 c_2 微分，就可以求算出適當的 c_2。於是我們可以得到2條微分式，也就是式（2）。

$$\frac{\partial E}{\partial c_1} = \frac{2c_1(H_{11}-ES_{11})+2c_2(H_{12}-ES_{12})}{c_1{}^2S_{11}+2c_1c_2S_{12}+c_2{}^2S_{22}} = 0$$

$$\frac{\partial E}{\partial c_2} = \frac{2c_1(H_{12}-ES_{12})+2c_2(H_{22}-ES_{22})}{c_1{}^2S_{11}+2c_1c_2S_{12}+c_2{}^2S_{22}} = 0$$

(2)

● 特徵方程式

將式（2）的分子部分提出，可以得到式（3）這個聯立方程式，又叫做式（2）的係數方程式。

要找到滿足式（3）的數對 c_1、c_2 並不困難，只要 $c_1 = c_2 = 0$ 即可。但這麼一來，分子軌域函數就會變成 $\psi = c_1\psi_1 + c_2\psi_2 = 0$，粒子（電子）不存在，與實際情況不合。所以說，2個係數不可同時為0。

若要使聯立方程式的答案不同時為0，就必須滿足一個行列式條件，這個行列式又叫做特徵方程式。譬如式（3）聯立方程式的特徵方程式就是式（4）。

式（4）才是求分子軌域時，要實際計算的式子。換言之，分子軌域的計算，就是在解這個名為特徵方程式的行列式。

$$c_1(H_{11}-ES_{11}) + c_2(H_{12}-ES_{12}) = 0$$
$$c_1(H_{12}-ES_{12}) + c_2(H_{22}-ES_{22}) = 0$$

(3)

（係數方程式）

需有 $c_1 = c_2 = 0$ 以外的解

$$\begin{vmatrix} H_{11}-ES_{11} & H_{12}-ES_{12} \\ H_{12}-ES_{12} & H_{22}-ES_{22} \end{vmatrix} = 0$$

(4)

（特徵方程式）

　　綜上所述，計算分子軌域時，實際上只是在解一個行列式而已。不過，電子個數愈多，這個行列式展開後得到的方程式次數也會愈高，使解方程式的工作變得極為困難。所以在電腦普及以後，分子軌域法才開始實用化，成為化學研究時的重要武器。

- -

數學符號 ∂ 源自於希臘字母的 δ。在台灣通常會念成 partial、delta、rounded d，以 $\partial F/\partial x$ 之類的形式來表示偏微分。所謂的偏微分，是將含有多個變數（x、y、z等）的函數 F 對某個特定的變數 x 微分的計算方式。

p.101的式（2）有上下2條式子。其中，含有2個變數 c_1、c_2 的上式是假設 c_2 為常數，然後將 E 僅對變數 c_1 微分的結果；下式則是假設 c_1 為常數，然後將 E 僅對變數 c_2 微分的結果。

軌域能量才是
量子化學的精髓
—— 軌域函數與能量

接著讓我們由前一節的特徵方程式（1）來計算出軌域函數與能量吧。

$$\begin{vmatrix} H_{11} - E & H_{12} - ES_{12} \\ H_{12} - ES_{12} & H_{22} - E \end{vmatrix} = 0 \qquad (1)$$

● 軌域能量

將前面提到的符號 α、β、S 代入特徵方程式（1），可得到式（2）。

$$\begin{vmatrix} \alpha - E & \beta - ES_{12} \\ \beta - ES_{12} & \alpha - E \end{vmatrix} = 0 \qquad (2)$$

$$S_{12} = 0 \text{（近似）}$$

這裡會用到重疊積分 S_{12} 的結果。本例為氫分子，函數 φ_1 與 φ_2 的鍵結距離約為 0.1nm。由前面章節的 $S - S$ 圖形（第 4 章第 3 節）可以知道，2 個 1s 軌域在距離 0.1nm 時，重疊積分 S_{12} 約為

0.3。

　　這裡我們改用近似的結果。也就是無視 $S_{12} = 0.3$，令 $S_{12} = 0$。如此一來，式（2）就會變成極為簡單的式（3）。接著，將行列式（3）依照平常的方法展開式（4），解這個方程式後可以得到式（5），也就是 $E_b = \alpha + \beta$ 與 $E_a = \alpha - \beta$ 這2個答案。

$$\begin{vmatrix} \alpha - E & \beta \\ \beta & \alpha - E \end{vmatrix} = 0 \qquad (3)$$

$$(\alpha - E)^2 - \beta^2 = 0 \qquad (4)$$

$$\left.\begin{array}{l} E_b = \alpha + \beta \\ E_a = \alpha - \beta \end{array}\right\} \qquad (5)$$

● 求算軌域函數的方法①

　　既然我們能將特徵方程式轉變成式（3），就能用同樣的近似方法，將前一節中的係數方程式（3）轉變成右頁的式（6）。將 $E_b = \alpha + \beta$ 代入式（6），可以得到 $c_1 = c_2$；將 $E_a = \alpha - \beta$ 代入式（6），可以得到 $c_1 = -c_2$。將結果分別代回軌域函數，便可得到 ψ_b 式（7）與 ψ_a 式（8）

$$c_1(\alpha - E) + c_2\beta = 0$$
$$c_1\beta + c_2(\alpha - \beta) = 0 \left.\right\}\quad(6)$$

將 $E = \alpha + \beta$ 代入後可以得到

$$-c_1\beta + c_2\beta = 0 \qquad \therefore c_1 = c_2$$

代回軌域函數 ψ 可得

$$\psi_b = c_1(\varphi_1 + \varphi_2) \qquad (7)$$

將 $E = \alpha - \beta$ 代入後可以得到

$$c_1\beta + c_2\beta = 0 \qquad \therefore c_1 = -c_2$$

代回軌域函數 ψ 可得

$$\psi_a = c_1(\varphi_1 - \varphi_2) \qquad (8)$$

● 求算軌域函數的方法②

我們已求出軌道函數的式（7）、（8），但係數 c_1 仍為未知。若想算出 c_1 的值，必須用到標準化條件。

將式（7）代入標準化條件式，可得到式（9）。接著再運用原子軌域函數的標準化條件，以及前面提到的 $S = 0$ 的近似，就可以由式（9）計算出極為簡單的式（10），求出 c_1 的值。

接著將 c_1 代回原本的軌域函數 ψ，便可得到一組解 ψ_a、ψ_b（式（11））。

其中，ψ_a 叫做反鍵軌域（antibonding orbital），ψ_b 叫做成鍵軌域（bonding orbital）。反鍵軌域這個名詞聽起來可能不太習慣，但反鍵軌域這個術語及概念，可以說是分子軌域法及量子化學在化學領域中做出的最大貢獻。其意義將在下一章中說明。

$$\int \psi^2 d\tau = c_1{}^2 \int (\varphi_1 + \varphi_2)^2 d\tau = c_1{}^2 \left\{ \int \varphi_1{}^2 d\tau + 2\int \varphi_1 \varphi_2 d\tau + \int \varphi_2{}^2 d\tau \right\} = 1 \qquad (9)$$

$$\int \varphi_1{}^2 d\tau = \int \varphi_2{}^2 d\tau = 1 \qquad \text{標準化}$$

$$\int \varphi_1 \varphi_2 = 0 \qquad \qquad \text{近似}$$

$$2c_1{}^2 = 1 \qquad \therefore c_1 = \frac{1}{\sqrt{2}} \qquad (10)$$

$$\psi = \frac{1}{\sqrt{2}}(\varphi_1 + \varphi_2)$$

$$\begin{cases} E_a = \alpha - \beta \qquad \psi_a = \dfrac{1}{\sqrt{2}}(\varphi_1 - \varphi_2) \\[2mm] E_b = \alpha + \beta \qquad \psi_b = \dfrac{1}{\sqrt{2}}(\varphi_1 + \varphi_2) \end{cases} \qquad (11)$$

第5章

分子軌域法

與鍵能

形成鍵結的成鍵軌域與破壞鍵結的反鍵軌域

—— 成鍵軌域與反鍵軌域

前一章中提到了數量龐大卻不算簡單的數學式，不過數學式就到此為止了。從本章起，數學式的出現頻率可能還會低到讓你懷疑「這真的是量子化學嗎？」。

不過，「有數學式就很難，沒數學式就很簡單」這種想法或許過於單純。要是有數學式的話「就不需要思考」，因為數學式「會告訴我們答案」。相對的，沒有數學式的時候，我們就得自行思考才能得到答案。

學習時，「基於一個事實的聯想」十分重要。特別是在學習化學時，「聯想、幻想、絕想」更是必要的能力。

「絕想」是我自己創造的詞，意思是在聯想與幻想盡頭的「突發奇想」。「突發奇想」正是藝術的原動力，所以也有人說「化學是藝術」。

● 軌域函數

前一章中，我們提到氫分子的軌域包含了成鍵軌域和反鍵軌域，兩者擁有不同的軌域函數與軌域能量。那麼，成鍵軌域和反鍵軌域又分別是什麼呢？

式（1）為成鍵軌域的軌域函數，式（2）為反鍵軌域的軌域函

數。圖A中的式（1）用2個氫原子的1s軌域函數φ_1、φ_2來表示成鍵軌域。式（1）是2個1s軌域函數的和，因此成鍵軌域的圖形中，H_1、H_2這2個氫原子間的軌域函數膨脹了起來。由這個函數平方後得到的電子存在機率，可以看出電子有很高的機率存在於2個原子之間。換言之，用來黏著原子的「漿糊」大量存在於原子之間。

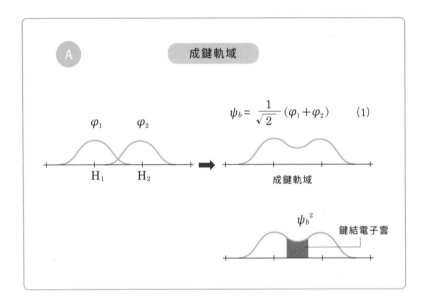

相對的，圖B中的式（2）則是用2個函數的差來表示反鍵軌域函數。反鍵軌域函數的數值會從正值轉變成負值，中間有節的存在。節的電子存在機率為0，即不存在電子。這表示2個原子之間沒有「漿糊」，無法鍵結在一起。

以上就是成鍵軌域與反鍵軌域的意義。**成鍵軌域可以讓2個原子鍵結在一起，反鍵軌域則會破壞該鍵結。**

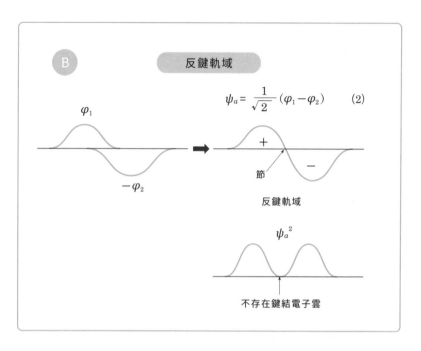

● 能量

　　就像軌域函數分成2種一樣，軌域能量也可分成 $E_b = \alpha + \beta$ 與 $E_a = \alpha - \beta$ 等2種。

　　這裡要注意的是，α 與 β 的值皆為負數。如同我們在第4章中看到的，**化學領域中，會將原子、分子的能量定義為負數。α 為 1s軌域的能量，自然是負數；而從 β 的定義式也可以看出與 α 類似，亦為負值。**

　　因此，與兩者的差 E_a 相比，兩者的和 E_b 會負比較多，就表示能階更低。也就是說，E_b 的能階比 E_a 低，比 E_a 穩定。

● 軌域組合

　　生成鍵結時，2個軌域會產生關連，彼此影響，形成軌域組

合。這時，軌域組合內較穩定的成鍵軌域與較不穩定的反鍵軌域會同時出現。

下圖顯示了原子軌域能量與分子軌域能量之間的關係。這種圖一般稱為**分子軌域圖**。分子軌域圖中，通常會在反鍵軌域加上符號＊（讀做star）。

如同我們在這張圖中看到的，氫分子的分子軌域是以氫原子的原子軌域為「原料」，合成出來的軌域。而且，成鍵軌域的能量比原本的原子軌域能量（α）還要低了β，比較穩定；相對的，反鍵軌域的能量比原本的原子軌域能量高了β，比較不穩定。

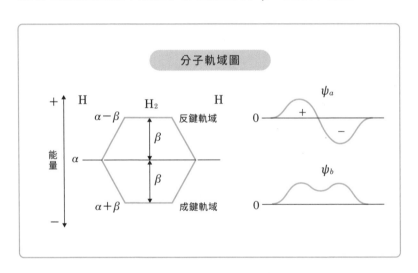

原子間距離改變時，鍵能也會改變

—— 鍵長與能量

　　右圖為分子中2個原子的距離（即鍵結距離）與分子軌域能量之間的關係。

　　原子間距離很大時，無法生成分子，而是保持原子的樣子。能量也維持在1s軌域，即 α。

　　2個原子逐漸靠近時，會產生2種關係。一種是較穩定的關係，能量較低；一種是較不穩定的關係，能量較高。

　　穩定的關係中，兩原子會拉得更近，使能量降得更低。但要是兩原子過於靠近，會因為原子核間的靜電排斥力而提高能量。這表示在穩定的關係中，有一個能量的極小值。這個極小值就是前面計算出來的 E_b，而此時的距離 r_0 就是鍵長。這條曲線顯示出了成鍵軌域的能量變化。

　　而在不穩定的關係中，隨著兩原子逐漸靠近，能量也會逐漸升高。而在兩原子的距離等於鍵長 r_0 時，能量為 E_a。這條曲線顯示出了反鍵軌域的能量變化。

　　也就是說，前一節求算出來的能量 E_a、E_b 為原子在鍵結狀態下的成鍵軌域和反鍵軌域的軌域能量。

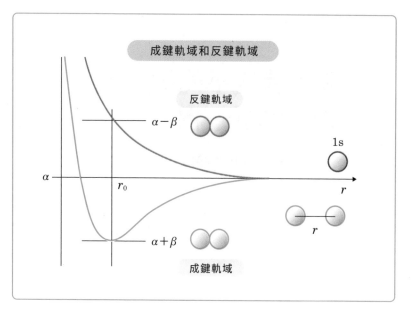

成鍵軌域和反鍵軌域

反鍵軌域

$\alpha - \beta$

α

r_0

$1s$

r

$\alpha + \beta$

成鍵軌域

量子化學之窗

觀看原子與分子

　　因為測不準原理，所以我們沒辦法看清楚原子的形狀。既然看不到原子，自然就看不到它們的鍵結，也不曉得成鍵軌域、反鍵軌域實際上到底長什麼樣子，甚至連它們是否真的存在也不確定。不過，在本書提到的鍵結相關假設下，可以合理解釋所有「目前科學所觀察到」的分子性質。這表示，隨著科學的進步，如果發現了新的分子性質，就有可能出現取代量子化學的理論。就像量子力學取代了牛頓力學一樣。

5-3

電子進入不同軌域時，
鍵能也不一樣

—— 電子組態與鍵能

原子形成分子時會變得比較穩定，此時能量變化就叫做鍵能，會等於「分子的電子軌域能量總和」與「原子的電子軌域能量總和」之差。也就是說，我們可以透過分子的電子組態來計算鍵能的大小。

原本屬於原子，位於原子軌域內的電子，在形成分子之後就會移動到分子軌域。此時電子的填入方式，或者說決定分子軌域之電子組態的規則，和前面提到的原子軌域之電子填入規則①～④相同。也就是說，電子會從能量最低的軌域開始，往能量高的軌域依序填入。

以下就讓我們參考電子軌域的圖，說明如何計算分子的鍵能吧。

ⓐ 氫分子 H_2

次頁的圖為氫分子的電子組態。2個氫原子各有1個電子，氫分子有2個分子軌域，而這2個電子在能量較低的成鍵軌域形成電子對。

此時兩電子皆位於成鍵軌域，而成鍵軌域能量 $E = \alpha + \beta$，故2個電子的能量總和為 $2 \times (\alpha + \beta) = 2\alpha + 2\beta$。另一方面，

原子狀態下2個電子都位於1s軌域，故能量總和為$2 \times \alpha = 2\alpha$。兩者相差$2\beta$。

這裡的2β是2個原子鍵結成分子時，使其穩定化的能量，也就是氫分子的鍵能。像這種用分子軌域法得到的鍵能，會用β為單位來表示。

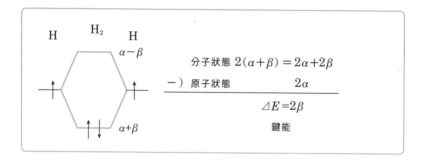

b 二氫陰離子 H_2^-

氫分子加上1個電子後會得到二氫陰離子H_2^-，擁有3個電子。這時候成鍵軌域已經滿了，第3個電子還擠得進去嗎？第3個電子會填入反鍵軌域內，所以陰離子狀態的二氫陰離子的能量是$3\alpha + \beta$。另一方面，鍵結前的電子全都在1s軌域內，總能量為3α，所以此時的鍵能就是兩者的差β。

因為有鍵能，化學鍵才得以存在。二氫陰離子雖然可以穩定存在，但它的鍵能只有氫分子的一半，所以鍵結較弱，鍵長也比較長。

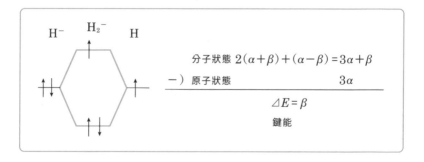

C 氦分子 He_2

原則上，分析氦時使用的觀念與氫完全相同。氦鍵結時的軌域與氫一樣都是 1s 軌域，故可直接沿用氫的分子軌域來分析。

要是 2 個氦原子形成氦分子的話，電子會有 4 個，故有 2 個電子會填入反鍵軌域，此時成鍵軌域與反鍵軌域的能量差互相抵消，總能量為 4α，**故鍵能為 0，也就是沒有鍵能。因此不存在由 2 個氦組成的分子。**

綜上所述，以軌域組合圖及電子組態為基礎，可以簡單推導出實際分子或假想分子的鍵能。這就是分子軌域法的初步應用。

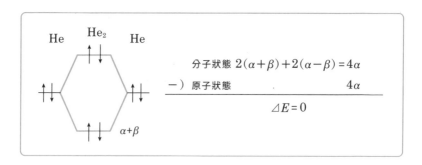

可旋轉且強度較高的 σ 鍵與 不可旋轉且強度較低的 π 鍵

—— σ 鍵與 π 鍵

氫原子可透過1s軌域彼此鍵結，但不是只有1s軌域能夠形成鍵結。這裡讓我們來看看2p軌域如何形成鍵結吧。2p軌域可以生成2種鍵結。

● σ 鍵

圖A為2個s軌域重疊形成鍵結的示意圖。2個原子A、B在鍵結後會轉變成紡錘狀的鍵結電子雲。

2個原子以這種方式鍵結在一起時，如果固定A原子，旋轉B原子，那麼鍵結會產生什麼變化呢？什麼變化都沒有。**所以這種鍵結是「鍵軸可旋轉」的鍵結，名為σ鍵。**

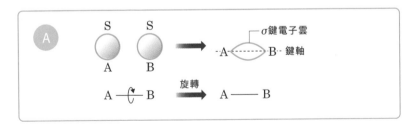

● p 軌域形成的 σ 鍵

　　2個 p_x 軌域沿著 x 軸彼此靠近時,也會形成鍵結,如圖 B 所示。前面我們曾提過,p 軌域的形狀就像糰子串一樣。當2個原子 A、B 靠近時,會在 p_x 軌域上相撞。2串糰子中,用來和另一串糰子接觸的糰子會彼此融合,形成鍵結。

　　p_x 軌域以這種方式形成的鍵結,和 s 軌域所形成的鍵結在本質上幾乎相同,鍵軸可旋轉,亦屬於 σ 鍵。

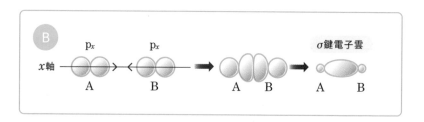

● π 鍵

　　接著來看看2個 p_y 軌域沿著 x 軸彼此靠近時的情況,如圖 C 所示。當2個軌域靠近到鍵結距離時,**看起來就像是並排的2串糰子一樣。此時,同一串的2顆糰子會各自與另一串的2顆糰子融合在一起,形成鍵結。以這種方式形成的鍵結就叫做 π 鍵。**

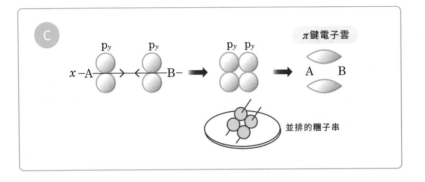

● π 鍵的旋轉

圖D為2個 p_y 軌域 φ_A、φ_B 形成 π 鍵的示意圖。假設我們固定 φ_A，使 φ_B 旋轉90度，那麼2個軌域就會彼此分離。也就是說，<u>π 鍵在旋轉後會斷掉，為不可旋轉的鍵結</u>。這個特徵與 σ 鍵有很大的不同。

不只 p_y 軌域之間會形成 π 鍵，p_z 軌域之間也會形成 π 鍵。

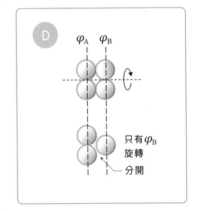

● σ 鍵與 π 鍵的鍵能

圖E為 σ 鍵與 π 鍵的軌域重合情形。為了方便讀者了解，圖畫得有些誇張。不過由圖可以看出，σ 鍵的2個p軌域各有一半（其中一個糰子）幾乎完全重疊。

也就是說，σ 鍵的重疊積分 S_σ 相當大，同樣的共振積分 β_σ 也很大。相對的，π 鍵中2個p軌域僅稍微接觸，重疊積分 S_π 與共振積分 β_π 皆相當小。

這代表，σ 鍵比 π 鍵還要
強，鍵能也比較大。以上關係可
畫成分子軌域圖。2個p軌域組
合形成 σ 鍵或 π 鍵時，都會分裂
成成鍵軌域與反鍵軌域。不過 σ
鍵中，成鍵軌域與反鍵軌域的能
量差 β_σ，比 π 鍵的 β_π 還要大。
也就是説，σ 鍵的2個軌域分得
比較開。

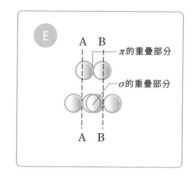

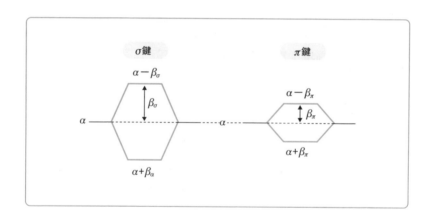

單鍵、雙鍵、三鍵

——F−F、O＝O、N≡N的鍵結

前一節中，我們說明了 σ 鍵與 π 鍵的差別。常見的共價鍵包括單鍵、雙鍵、三鍵。本節就讓我們來看看 σ 鍵、π 鍵如何形成這些「單鍵、雙鍵、三鍵」。

下表列出了它們的關係。單鍵只包含 σ 鍵。雙鍵或三鍵則是由 σ 鍵與 π 鍵組合而成。接著就來說明它們之間的關係。

共價鍵			
共價鍵	σ鍵	單鍵	$F-F, H_3C-CH_3$
	π鍵	雙鍵	$O=O, H_2C=CH_2$
		三鍵	$N \equiv N, HC \equiv CH$

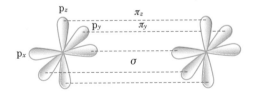

● 分子軌域圖（molecular orbital diagram）

圖A為氟分子F_2、氧分子O_2、氮分子N_2的分子軌域圖。

這些原子在K層有1s軌域、在L層有1個2s軌域以及3個p軌域，分別是p_x、p_y、p_z軌域。

圖A顯示出原子鍵結時，各軌域組合後的樣子。p_x軌域會形成σ鍵，p_y與p_z會分別形成π_y與π_z鍵。π_y與π_z鍵除了方向不一樣之外，其他性質完全相同，所以能量也一樣。

這張圖是F_2、O_2、N_2等分子的鍵結軌域基本圖形。從圖的下方開始看起，首先是2個1s軌域組合成了成鍵σ軌域（σ）與反鍵σ軌域（$\sigma*$），2s軌域也同樣會組合成σ與$\sigma*$。

如同我們在上一節中看到的，2p軌域可形成σ軌域與π軌域，以及它們的反鍵軌域$\sigma*$與$\pi*$。其中σ與$\sigma*$的分離程度較大。

p_y軌域與p_z軌域皆會形成π鍵。圖中整理了這些軌域之間的能量關係。

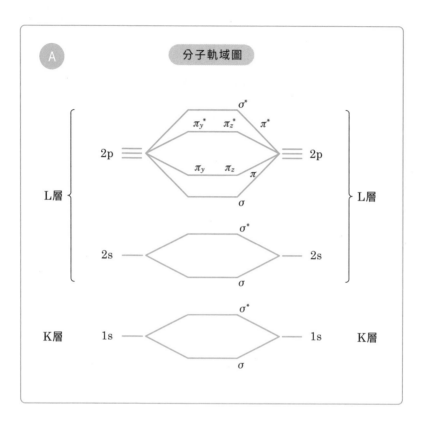

● 氟原子 F_2 的鍵結：單鍵

　　和我們前面求算氫分子鍵能的時候一樣，描述氟分子的鍵結狀態與鍵能時，只要在分子軌域圖中由下到上依序將電子填入軌域內就可以了。1個氟原子有9個電子，2個在1s軌域、2個在2s軌域、5個在2p軌域。1個氟分子則有18個電子。

　　將18個電子由下往上依序填入分子軌域圖的軌域內，可以得到圖B。由1s軌域所形成的 σ 及 σ^* 內分別填入了2個電子，鍵能彼此抵消，合計為0。因此沒有實際的鍵能。2s軌域也一樣互相抵消。

而在2p軌域內，1個 σ 軌域，2個 π 軌域以及2個 π^* 軌域內都填有電子。因此 π 軌域和 π^* 軌域的鍵能會彼此抵消，**所以氟分子的有效鍵結僅有2p軌域所形成的1個 σ 鍵。**

　　基於這個理由，氟分子僅含有1個 σ 鍵，以單鍵連結在一起。

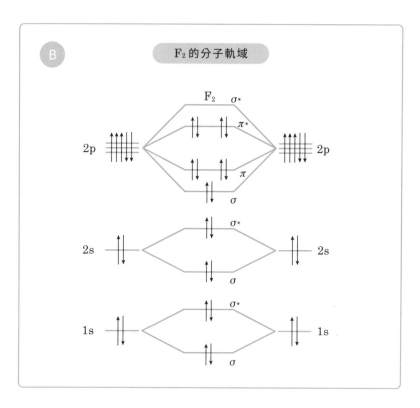

●氧分子 O_2 的鍵結：雙鍵

　　1個氧原子有8個電子，2個在1s軌域、2個在2s軌域、4個在2p軌域。1個氧分子有16個電子。

a 雙鍵的意義

　　將16個電子由下往上依序填入分子軌域圖的軌域內,可以得到圖C。和氟分子的情況一樣,1s軌域及2s軌域的鍵能會彼此相消。

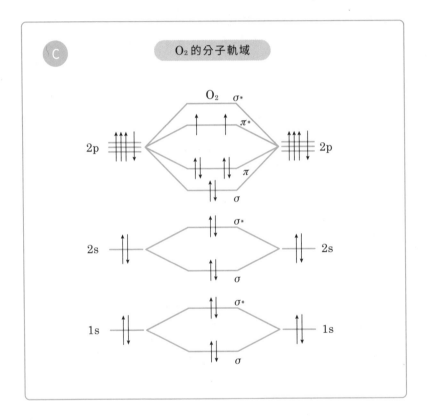

C O₂ 的分子軌域

O_2

　　問題在於2p軌域的鍵結。電子會填入 σ 軌域與2個 π 軌域。比較特別是能量較高的2個 π *軌域,這2個 π *軌域中各填入了1個電子。

　　之所以會這樣填入電子,是為了遵循我們前面介紹的「電子組態規則」中的規則④。也就是說,在各個能量相同的軌域中,

「電子自旋方向相同時較穩定」。

　　要是這2個電子填入同一個 π^* 軌域，自旋方向就必須相反，這樣會變得比較不穩定。所以這2個電子會優先分別填入不同軌域。

　　前面我們也有提到，這樣的電子稱為不成對電子。不過，分別填入 π^* 的不同軌域，或填入同一個 π^* 軌域，在鍵能的效果上沒有差別。

　　所以說，氧分子的2個 π 軌域中，恰有1個會與 π^* 軌域相消。**這表示氧分子的鍵結由1個 σ 鍵與1個 π 鍵，共2個鍵結組合而成。這種鍵結稱為雙鍵。所有雙鍵都是由1個 σ 鍵與1個 π 鍵組合而成。**

b 鍵結電子雲

　　化學中會用次頁的圖來表示雙鍵。

　　原子的 p_y 軌域會畫得比較細，上下各用一條線連接2個 p_y 軌域。右邊則是鍵結電子雲的示意圖。**連接原子與原子的軸（鍵軸）上有1個紡錘形的 σ 鍵電子雲，上下則各有1個 π 鍵電子雲。這2個 π 鍵電子雲為1組，不能單獨存在，需2個同時存在才能形成 π 鍵。**

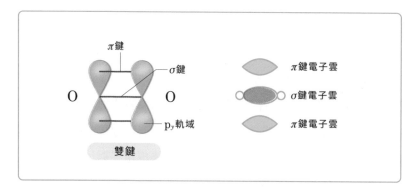

c 氧分子的高反應性

除了容易反應之外，有順磁性也是氧分子的一大特徵。換言之，氧分子可以被磁石吸引。氧會擁有這個性質，是因為氧分子有2個不成對電子。

一般來說，不成對電子並不穩定，會傾向於和其他分子的不成對電子形成電子對。因此，氧分子的不成對電子會為了和其他電子配對，傾向於和其他原子或分子反應。這就是為什麼氧分子的反應性那麼大。

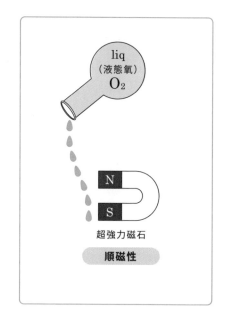

d 氧分子的磁性

若將氣態的氧氣冷卻到 $-183℃$，會轉變成液態氧。若將強力磁石靠近液態氧，這些液態氧的液體會被磁石吸引過去，就和鐵被

磁石吸引的現象一樣。我們在前面也有提到，這種性質叫做**順磁性**。

　　一般來說，物質之所以有磁性，是因為**帶電粒子的自旋會產生磁矩，使物質具有磁性。然而磁矩的方向由自旋方向決定，一組電子對中，2個電子的自旋方向不同，所以磁矩會彼此相消，使其失去磁性。形成共價鍵時，不成對電子會湊成電子對以形成鍵結，故一般分子不會擁有磁性。**

　　不過，氧分子擁有2個自旋方向相同的不成對電子，所以氧分子擁有磁性。如果用強力磁石靠近液態氧的話，液態氧會被吸引過去。

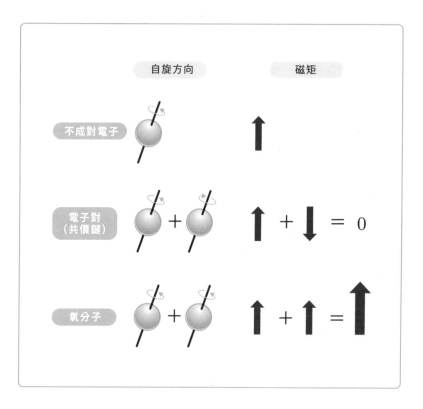

量子化學中的分子軌域法可以幫助我們說明為什麼氧分子擁有這種特殊性質。

● 氮分子 N_2 的鍵結：三鍵

氮分子的電子組態如圖 D 所示，僅在 1 個 σ 軌域與 2 個 π 軌域等成鍵軌域內填有電子，反鍵軌域內沒有電子。

因此氮分子中的 2 個氮原子藉由 1 個 σ 鍵與 2 個 π 鍵連結在一起，也就是共 3 個鍵結的三鍵。所有三鍵都是由 1 個 σ 鍵與 2 個 π 鍵組合而成。

圖 D 下方是氮分子三鍵的示意圖。模型中，π_y、π_z 這 2 個 π 鍵各由 2 個 π 電子雲組成，這 4 個 π 電子雲圍繞著位於中間的 σ 鍵電子雲配置。不過實際上，**三鍵中的 π 電子雲會「互相流通」，形成圓筒狀的電子雲。**

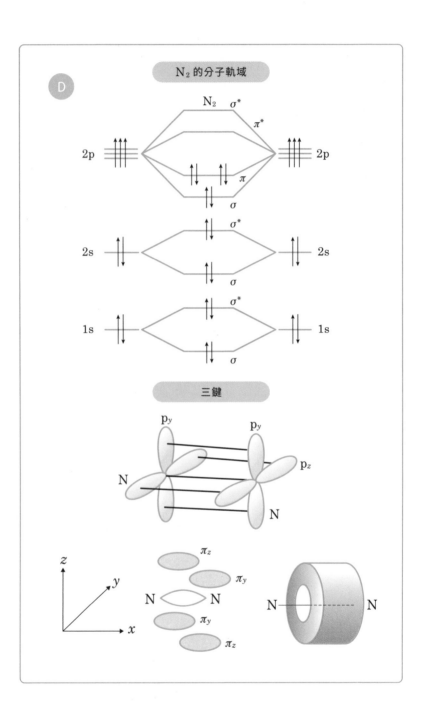

N₂ 的分子軌域

三鍵

混成軌域與
共軛分子

6-1

由電子組成的混肉漢堡排

—— 混成軌域是什麼？

原子會透過軌域來形成共價鍵。不過，用來形成共價鍵的軌域不是只有s軌域和p軌域而已。對原子來說，s軌域和p軌域就像是形成鍵結時的原料。原子會適當地組合這些原料，重新形成新的軌域。這種新的軌域就叫做**混成軌域**。

混成軌域的概念常見於有機化合物中。本章就讓我們以碳碳鍵為核心，說明混成軌域的概念吧。

● 混成軌域的能量

混成軌域的概念相當單純，用漢堡排來比擬應該就很好理解了。舉例來說，假設s軌域是1個100元的豬肉漢堡排，p軌域是1個200元的牛肉漢堡排。價格代表軌域的能量。

所謂的混成軌域，就是將這些漢堡排混在一起，做成混肉漢堡排。混肉漢堡排的大小需經過「標準化」，故1個豬肉漢堡排和1個牛肉漢堡排混合之後，可以得到2個混肉漢堡排。而且3種都一樣是「漢堡排」的形狀，只有價格有差別。混肉漢堡排的價格為原漢堡排價格的加權平均。

舉例來說，1個s軌域和1個p軌域可以混合成2個sp混成軌域，這2個sp混成軌域的形狀相同，就像是短球棒一樣。sp混成

軌域的能量則介於s軌域和p軌域之間，就像混肉漢堡排的價格是
150元，為原料價格的平均。

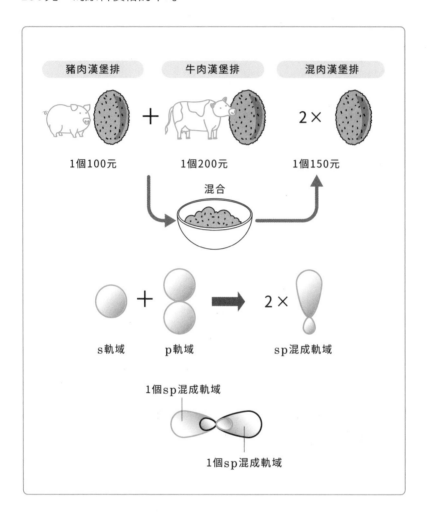

豬肉漢堡排　　　　牛肉漢堡排　　　　混肉漢堡排

1個100元　　　　　1個200元　　　　　1個150元

混合

s軌域　　　　p軌域　　　　　sp混成軌域

1個sp混成軌域

1個sp混成軌域

● 混成軌域的軌域函數

混成軌域也有自己的軌域函數，可表示為做為原料之2個函數
的平均。

譬如 sp 混成軌域的函數可以寫成以下的式（1）與式（2）。係數的 $\sqrt{2}$ 則是為了標準化而加上。2 個函數的能量、形狀皆相同，但方向不同；也就是説，2 個混成軌域的夾角為 180 度，方向剛好相反。

混成軌域

$$\varphi_1(\text{sp}) = \frac{1}{\sqrt{2}} \left\{ \varphi(2\text{s}) + \varphi(2\text{p}) \right\} \qquad (1)$$

$$\varphi_2(\text{sp}) = \frac{1}{\sqrt{2}} \left\{ \varphi(2\text{s}) - \varphi(2\text{p}) \right\} \qquad (2)$$

● 混成軌域的優點

前面我們介紹 σ 鍵與 π 鍵的時候有提到，鍵結的強弱（穩定度）取決於原子軌域間的重疊情況。軌域的重疊程度愈大，鍵結就愈穩定。

混成軌域的一端會明顯變大，另一端變小，形狀就像是球棒。形成鍵結時，這種形狀有助於軌域重疊。或者說，原子就是為了這個優點，才會形成混成軌域。

最基本的混成軌域

—— sp³ 混成軌域

以s軌域和p軌域做為原料混合而成的混成軌域有3種，包括 sp^3、sp^2及sp。

讓我們藉由一些代表性的有機化合物，看看混成軌域的形狀、方向有哪些種類吧。

● sp³混成軌域是什麼？

將構成L層的所有軌域——1個2s軌域和3個2p軌域——混成後可得到 sp^3 混成軌域。sp^3 的3就是因為用了3個p軌域。

sp^3 混成軌域的軌域數與做為原料的軌域數相同，共有4個軌域，任2個軌域的夾角皆為109.5度。形狀和放置海岸旁用於吸收海浪衝擊的「消波塊」相同，4個軌域的頂點連接後可以得到1個正四面體。

碳原子的L層有4個電子，形成 sp^3 混成軌域後，會在4個混成軌域內各填入1個電子，使得碳原子有4個不成對電子。這就是為什麼基態下只有2個不成對電子的碳原子，可以形成4個共價鍵的原因。

我們之後會提到，碳原子不管形成哪種混成軌域，1s以外的軌域都只會填入1個電子，故會有4個不成對電子。因此，不管怎

麼混成，碳原子都會產生4個共價鍵。

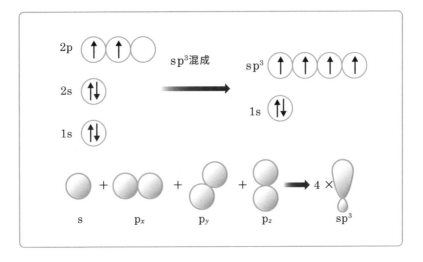

● 甲烷 CH_4 的結構

甲烷 CH_4 是由 sp^3 混成碳原子組成的典型分子，也是家用天然氣的主要成分，並經由市區的瓦斯管線送抵各個家庭。也就是說，碳原子的4個混成軌域，會分別和1個氫原子產生鍵結，得到1個甲烷 CH_4。

如同我們在氫分子鍵結的例子中所看到的，生成共價鍵時，原子軌域必須重疊在一起，才會生成鍵結。在甲烷分子中，4個混成軌域會各自和1個氫原子的1s軌域重疊，形成共價鍵。

甲烷的4個C－H鍵結會往正四面體的頂點方向延伸。**也就是說，甲烷的形狀就像消波塊，或者說是正四面體。而且這4個鍵結皆不受旋轉的影響，因此是可旋轉的鍵結，故都屬於 σ 鍵。**

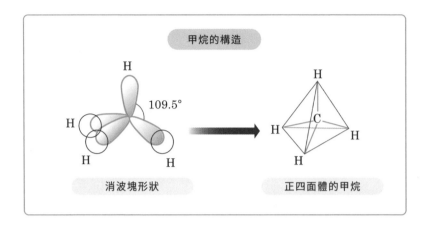

甲烷的構造

109.5°

消波塊形狀

正四面體的甲烷

● 水 H_2O 的鍵結

組成水分子 H_2O 的氧原子也是 sp^3 混成軌域。氧原子的 L 層有 6 個電子，所以氧原子的 4 個 sp^3 混成軌域中填有 6 個電子。

a 水的鍵結狀態

氧原子的 2 個混成軌域內分別填有成對的 2 個電子，也就是填入了電子對。這 2 組電子對又叫做孤對電子，因為不是不成對電子，故無法形成共價鍵。 問題在於剩下的 2 個電子。這 2 個電子會分別填入剩下的 2 個混成軌域內，成為不成對電子，用以和氫原子鍵結。

這 2 個混成軌域會各自和 1 個氫原子的 1s 軌域重疊，形成 2 個 O－H 鍵，得到水分子。而這 2 個 O－H 鍵的鍵角接近 sp^3 混成軌域的 109.5 度，但因為孤對電子的靜電排斥力較大，故 2 個 O－H 鍵會被擠壓，使實際上的鍵角縮小成 104.5 度。

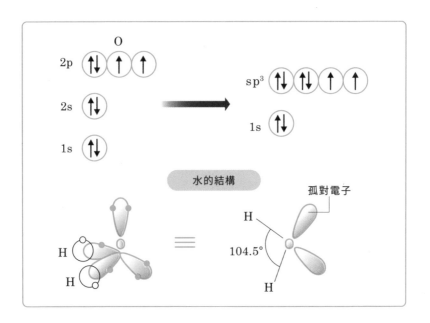

b **鋞離子 H_3O^+ 的鍵結**

水分子會與氫離子（質子）H^+ 鍵結形成鋞離子（oxonium）H_3O^+。

氫原子失去電子後會成為氫離子，所以氫離子沒有電子。**也就是說，氫離子的1s軌域是空的。像這種沒有填入電子的軌域一般稱為空軌域。**

氫離子會與水分子的孤對電子鍵結。也就是說，氧原子中含有孤對電子的 sp^3 軌域會和氫離子的空軌域重疊形成鍵結。這種鍵結在形式上與 $O-H$ 鍵相同，只是鍵結中的2個電子來自氧原子的孤對電子。

這種新的 $O-H$ 鍵與水分子原本擁有的 $O-H$ 鍵沒有差別。**而這種由孤對電子及空軌域的結合所形成的鍵結，稱為配位鍵。配位鍵與前面介紹的共價鍵只差在鍵結的形成過程，形成鍵結後，就**

和一般共價鍵無異。

　　最後得到的鋞離子是個三角錐形的分子，位於其中1個頂點的氧原子仍保有1個（1組）孤對電子。

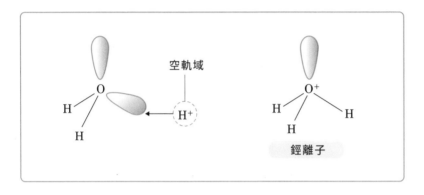

空軌域

O
H
H
H⁺

O⁺
H
H
H

鋞離子

C 冰的鍵結

　　前面有提到，液態水的水分子會透過氫鍵結合在一起，此時的氧原子會帶有部分的負電荷。

　　由水的鍵結狀態可以看出氧原子的帶電情況。水分子的孤對電子雲內含有大量電子，而基本上4個sp^3軌域內就有2個是孤對電子。

　　也就是說，水分子的氧原子有2個O－H鍵與2組孤對電子，形成接近正四面體的結構。溫度下降時，分子的運動也會變慢。溫度降至熔點時，多數分子便會停止運動形成結晶。冰就是水的結晶，結晶內的分子會規則地排列堆疊。

　　影響堆疊方式的是孤對電子的方向，也就是氫鍵與孤對電子連線的方向。這會讓水在結成冰時，形成與鑽石相同的結晶結構。此時氧原子的sp^3混成軌域角度會與鑽石完全相同，4個O－H鍵的延伸方向分別朝向正四面體的4個頂點。

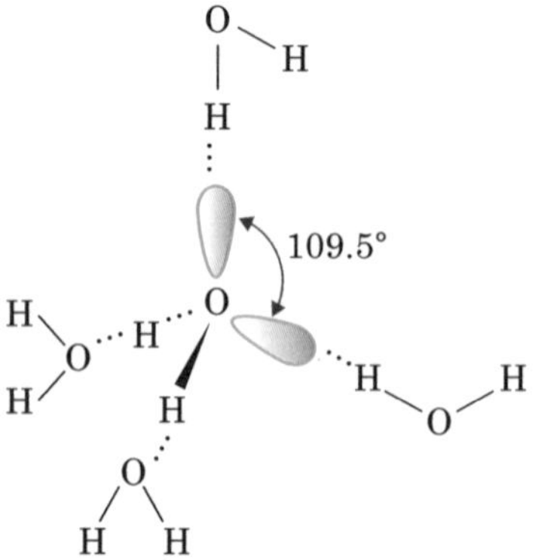

109.5°

量子化學之窗

團簇

　　上圖般的水分子集合體結構不僅存在於冰（結晶）中，也會出現在一般的液態水中。也就是說，液態水中的水分子並不是一個個彼此分散行動，而是形成一個個集團集體行動。這種集團稱為團簇。

6-3

由雙鍵、三鍵組成的混成軌域

—— sp^2 混成軌域、sp 混成軌域

　　形成分子的鍵結包括單鍵、雙鍵、三鍵等。含碳化合物中的雙鍵、三鍵中分別含有 sp^2 混成軌域、sp 混成軌域。

　　事實上，擁有這些混成軌域的碳鍵中，最重要的部分並不是混成軌域，而是混成軌域以外的 $2p$ 軌域。這點十分重要，閱讀本節時請多加留意。

● sp^2 混成狀態的碳原子

　　sp^2 混成軌域由 1 個 s 軌域和 2 個 p 軌域（p_x、p_y 軌域）混合而成。混成後的 sp^2 軌域數量與做為原料的軌域數量一樣是 3 個，且 sp^2 軌域全都在 xy 平面上，互呈 120 度夾角。混成軌域之所以會在 xy 平面上，是因為用以合成混成軌域的 p 軌域僅包含 p_x 與 p_y，沒有 z 軸方向的成分。

　　而沒有混成的 p_z 軌域會保持原本的形狀與方向。也就是說，p_z 軌域會與混成軌域所在的 xy 平面垂直（正交）。

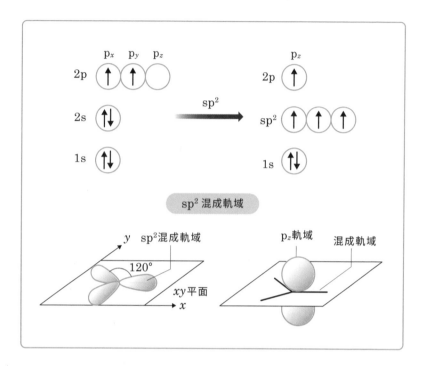

● 乙烯的 σ 鍵

　　組成乙烯 $H_2C = CH_2$ 的碳原子就擁有典型的 sp^2 混成軌域。乙烯是結構相當簡單的分子，並且是植物的熟成激素，有著重要功用。

　　次頁的圖為乙烯的部分結構，這裡只單獨畫出 sp^2 混成軌域部分。2 個碳原子會各拿出 2 個混成軌域來形成 σ 鍵，剩下的混成軌域則會和 4 個氫原子形成 σ 鍵。所以乙烯的所有原子全都在 xy 平面上，每個原子間的鍵角基本上都是 120 度，符合 sp^2 混成軌域的形狀。

　　像這種僅將分子的 σ 鍵畫出來的結構，稱為 σ 骨架。σ 骨架是分子的基本骨架。

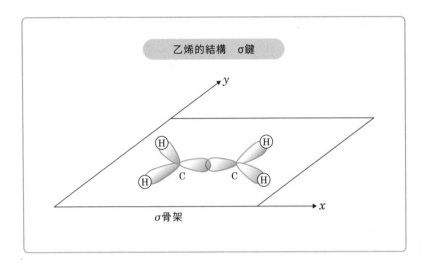

乙烯的結構　σ鍵

σ骨架

● 乙烯的 π 鍵

下圖為乙烯的 σ 骨架再加上 p_z 軌域後得到的圖。為了讓圖看起來更清楚，這裡的 σ 鍵以直線表示。

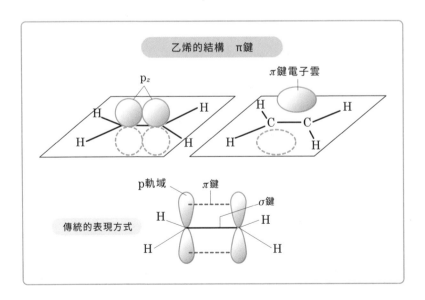

乙烯的結構　π鍵

p_z

π鍵電子雲

p軌域　　π鍵　　σ鍵

傳統的表現方式

2個 p_z 軌域就像並排的2串糰子一樣彼此接觸，形成 π 鍵。**如同我們前面提到的，π 鍵電子雲會在分子平面的上下，也就是分子所在之 xy 平面的上下，各形成一團電子雲。**

綜上所述，乙烯的 $C = C$ 鍵為 σ 鍵與 π 鍵所形成的雙鍵。所有雙鍵皆由1個 σ 鍵與1個 π 鍵組合而成，而乙烯是1個平面分子。

一般來說，為了方便起見，通常會用橫線來連接球棒狀的 p 軌域，藉此表示雙鍵。

因為雙鍵含有 π 鍵，所以不可旋轉。如果像下圖一樣，相同取代基 A 在雙鍵的同一側，稱為順式（cis）；如果在雙鍵的不同側，則稱為反式（trans），兩者為不同分子。

順式與反式的分子式（$C_2A_2B_2$）相同，但結構式不同，這樣的分子互為異構物。因雙鍵而產生順式與反式之差別的異構物，特稱為順反異構物。

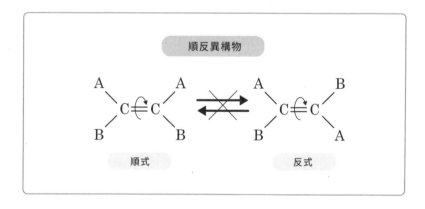

● sp 混成軌域：乙炔的結構

　　1個s軌域和1個p軌域混合成的混成軌域，稱為sp混成軌域，2個sp混成軌域彼此方向相反。而沒有參與混成的p_y、p_z軌域則保持原本的形狀與方向。

　　乙炔HC≡CH的碳原子就擁有典型的sp混成軌域。次頁圖A是乙炔的σ骨架。**2個碳原子會分別生成2個sp混成軌域，並各拿出1個混成軌域來形成σ鍵，另1個混成軌域則會和氫原子形成σ鍵。所以4個原子HCCH會排列在同一條直線上。**

　　圖B則是加上π鍵之後的樣子，和前面看到的氮分子一樣。綜上所述，乙炔的C≡C鍵包含了1個σ鍵與2個π鍵，共3個鍵結，屬於三鍵分子。

　　模型中，2個π鍵的配置方向互呈90度，不過實際上2個π鍵電子雲會彼此流通，呈現圓筒狀的電子雲。因此一般認為三鍵可旋轉，但難以由實驗證實。

　　乙炔與氧氣O_2的混合物在燃燒時會產生名為氧乙炔焰的高溫火焰，溫度高達3000℃，是鋼板與鋼骨的焊接工作中不可或缺的工具。

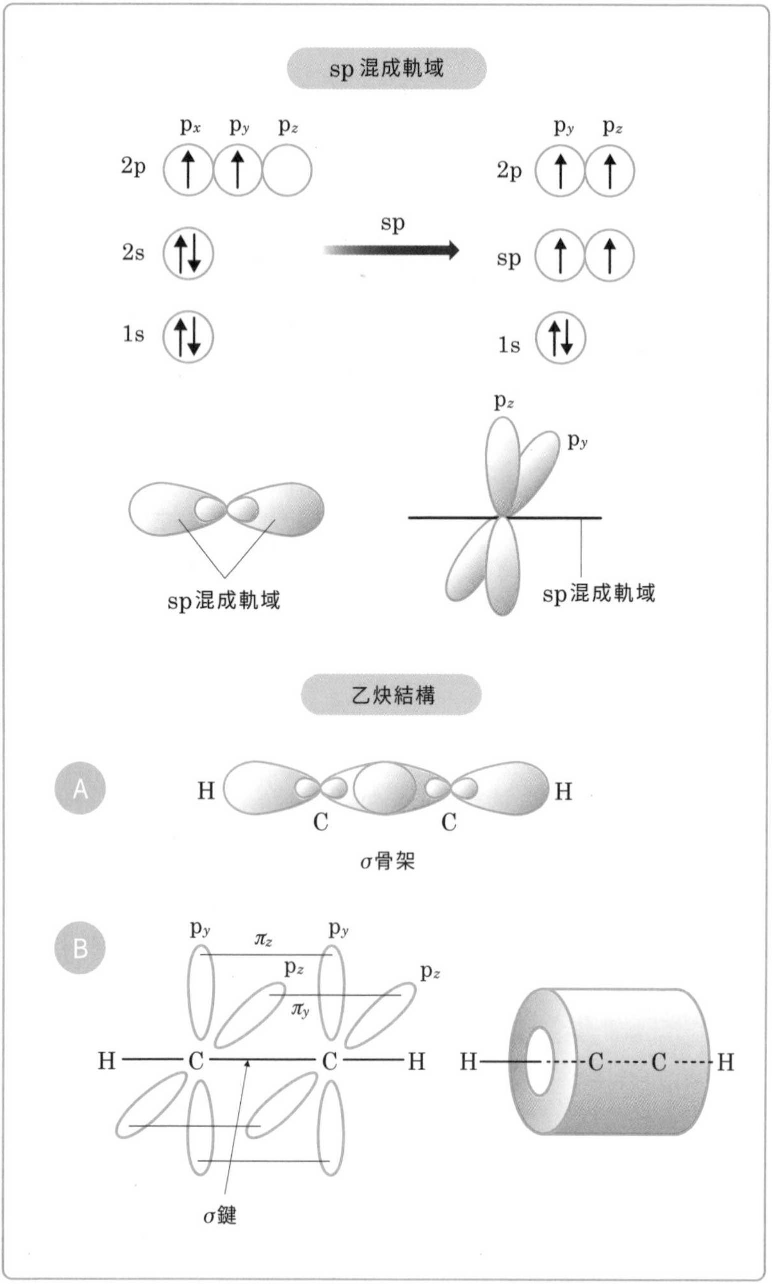

sp 混成軌域

乙炔結構

A

σ骨架

B

σ鍵

6
－
3

由雙鍵、三鍵組成的混成軌域

6-4

介於單鍵與雙鍵之間

—— 共軛分子的鍵結狀態

分子內有多個雙鍵與單鍵交替排列的結構，稱為共軛雙鍵結構。

擁有共軛雙鍵結構的共軛分子有長有短，種類繁多，每種分子都有其特有物理性質與反應性，生物學中也有許多重要物質是共軛分子。

● 共軛雙鍵是什麼？

次頁的圖 A 中，**丁二烯**的 $C_1 - C_2$ 與 $C_3 - C_4$ 之間各有 1 個雙鍵，而 $C_2 - C_3$ 之間則是單鍵。這種雙鍵與單鍵交替出現的情況，稱為共軛雙鍵。

丁二烯的 4 個碳都擁有 sp^2 混成軌域以及另一個 p 軌域。圖 B 中僅畫出丁二烯的 p 軌域部分，4 個 p 軌域皆以側身接觸。由圖可以看出，不只是 $C_1 - C_2$ 與 $C_3 - C_4$ 之間，就連 $C_2 - C_3$ 之間也存在 π 鍵。

若將 $C_2 - C_3$ 之間的 π 鍵也畫上去，會得到圖 C。但這個結構式中，C_2、C_3 分別伸出了 5 個鍵，違反了「1 個碳有 4 個鍵」這個原則。

另一方面，圖 A 中的 π 鍵數量也不合理。也就是説，不論是

圖A或圖C的丁二烯結構式都有不合理之處，因此兩者都不是正確的結構式。

● 如何表現共軛系統

那麼該怎麼辦呢？其實還真的不能怎麼辦。我們現在所使用的結構式是活躍於19世紀的德國科學家凱庫勒（Kekulé）提出的分子表示方式。由丁二烯的例子可以看出，凱庫勒的表現方式仍有其極限。

雖說如此，但是目前仍沒有出現能夠取代凱庫勒結構式的表現方式，所以**現在我們仍會使用圖A的方式畫出丁二烯的結構，同時也能理解實際的 π 鍵較接近圖B的情況，這是全世界科學家的共識。**

不論用哪種方式表示，丁二烯的 π 鍵涵蓋了 C_1 到 C_4 的整個分子是事實。像這種 π 鍵涵蓋了2個碳原子以上的分子，一般稱為共

輻分子。

其中，**涵蓋了整個共軛分子的 π 鍵稱為非定域π鍵**，其電子雲稱為非定域π電子雲。相對的，像乙烯這種固定在同一個地方的 π 鍵，則稱為定域π鍵。

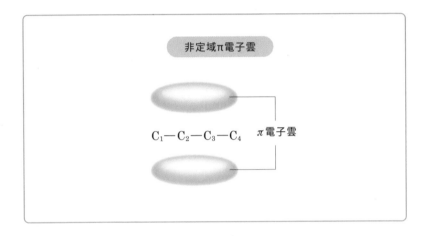

● 共軛分子的種類

共軛分子有很多種，大致上可以分成鏈狀分子與環狀分子。

a 鏈狀分子

丁二烯就屬於鏈狀共軛分子，共軛系統呈直線狀延伸。丁二烯有2個雙鍵、**己三烯**有3個雙鍵、**辛四烯**有4個雙鍵，分子有多長就有多少個雙鍵。

已知最多雙鍵的鏈狀共軛分子為導電性高分子——**聚乙炔**，擁有1000個以上的雙鍵。

這些分子中，π 鍵會從分子的一端延伸到另一端。聚乙炔的 π 鍵中，π 電子可以在長長的 π 電子雲中移動，就像金屬的自由電

子一樣，所以可以導電。

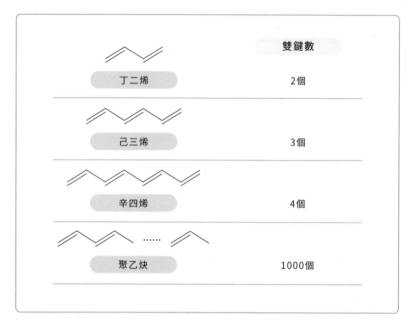

	雙鍵數
丁二烯	2個
己三烯	3個
辛四烯	4個
聚乙炔	1000個

b 環狀分子

　　鏈狀分子的兩端連在一起，可形成環狀共軛分子，其擁有相當有趣的物理性質與反應性。有機化合物中最重要的分子——苯，就是由3個雙鍵組合成的環狀共軛分子。另外，擁有2個雙鍵的環丁二烯、擁有4個雙鍵的環辛四烯，也都有著耐人尋味的物理性質。

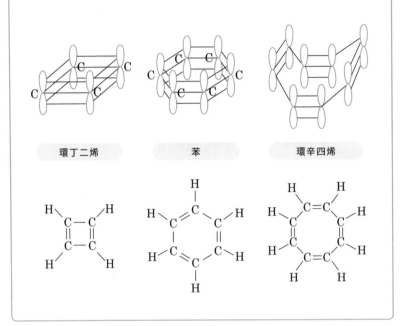

| 環丁二烯 | 苯 | 環辛四烯 |

量子化學之窗

鍵角

　　上圖的環狀共軛化合物中的碳皆為 sp^2 混成狀態。sp^2 混成軌域的角度為 120 度。正六邊形的苯，鍵角為 120 度，因此軌域角度與鍵角一致。

　　不過，另外 2 個化合物的分子角度與鍵角就不一樣了。這 2 個分子不是平面分子，而是在立體空間中有一定程度的歪斜，這種空間上的改變會微妙地影響到分子的性質。

6-5

由3個、5個、7個等奇數 個碳所組成的共軛分子

—— 奇數碳分子的共軛化合物

前面我們看到的共軛分子都是偶數個碳。不過，奇數個碳也會形成共軛分子。然而，所有奇數個碳的共軛化合物都很不穩定，雖然說幾乎無法單獨分離出來，卻擁有耐人尋味的物理性質與反應性。

● 烯丙基 $CH_2 - CH - CH_2*$ 的鍵結狀態

丙烯有3個碳，其中2個碳為 sp^2 混成軌域並形成 π 鍵，另1個碳則是 sp^3 混成軌域。有3個氫原子與 sp^3 混成的碳原子相連，若拔掉1個氫原子，使 sp^3 混成的碳轉變成 sp^2 混成，就會得到烯丙基（allyl）。

也就是說，烯丙基有3個 sp^2 混成的碳原子，與丁二烯一樣擁有3個並排的p軌域，所以這3個碳原子會以 π 鍵相連。也就是說，烯丙基是由3個碳原子形成的共軛分子，也是最小的共軛分子。

$$\text{H}_2\text{C} = \text{CH} - \text{CH}_3 \xrightarrow{-\text{H}} \text{H}_2\text{C} = \text{CH} - \text{CH}_2$$

丙烯　　　　　　　　　　　　烯丙基

● 烯丙基的電子組態

當丙烯以不同方式拿掉 1 個氫 H 時，會得到不同電子組態的烯丙基，包括<u>自由基</u>、<u>陽離子</u>、<u>陰離子</u>等 3 種狀態。

與 sp^3 混成之碳原子鍵結的 H，原本是用 2 個電子與碳原子鍵結。

- **烯丙基自由基**：拿掉 H 的時候，如果只帶走 1 個鍵結用的電子，也就是以 H・（氫自由基：與氫原子相同（・表示電子）的形式拔除的話，另 1 個電子會殘留在碳上，使烯丙基的 π 電子保持在 3 個。這種狀態叫做<u>烯丙基自由基</u>，自由基為電中性。

- **烯丙基陽離子**：如果拿掉 H 的時候，把 2 個鍵結用電子一起帶走，也就是以氫陰離子 H$^-$ 的形式拔除的話，烯丙基會剩下 2 個 π 電子，比電中性狀態下少了 1 個電子，這種狀態叫做烯丙基陽離子。

- **烯丙基陰離子**：相反的，如果拔除氫陽離子 H$^+$（質子）而不帶走任何電子，那麼烯丙基的 π 電子會變成 4 個。這種狀態叫做烯

丙基陰離子，比電中性狀態下多了1個電子。

$$H_2C-CH-CH_3 \xrightarrow{\ -H\ } H_2C-CH-CH_2^{*}$$

※：• 烯丙基自由基…3個電子
　　+ 烯丙基陽離子…2個電子
　　− 烯丙基陰離子…4個電子

● 奇數碳的共軛分子長鏈

即使碳數增加，狀況也不會有太大的變化。在丁二烯加上1個亞甲基 CH_2 後得到的分子，就是 π 電子雲分布在5個碳原子上的共軛分子。

● 奇數碳的環狀共軛分子

環狀化合物也是相同概念。環丙烯是由2個 sp^2 碳與1個 sp^3 碳結合而成的環狀化合物。拿掉1個 sp^3 碳上的 H 之後，這個碳會轉變成 sp^2 混成軌域。

最後，3個碳原子都會變成 sp^2 混成，每個碳上都有 p 軌域，而這3個 p 軌域的側面彼此接觸，所以3個碳上會有著環狀的 π 鍵電子雲。

同樣的，五邊形的環狀分子環戊二烯有五邊形的環狀 π 鍵電子雲，七邊形的環狀分子環庚三烯有七邊形的環狀 π 鍵電子雲。

6
|
5

由3個、5個、7個等奇數個碳所組成的共軛分子

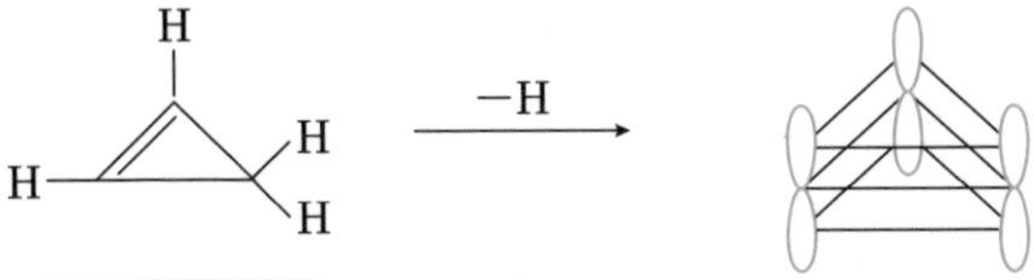

環丙烯

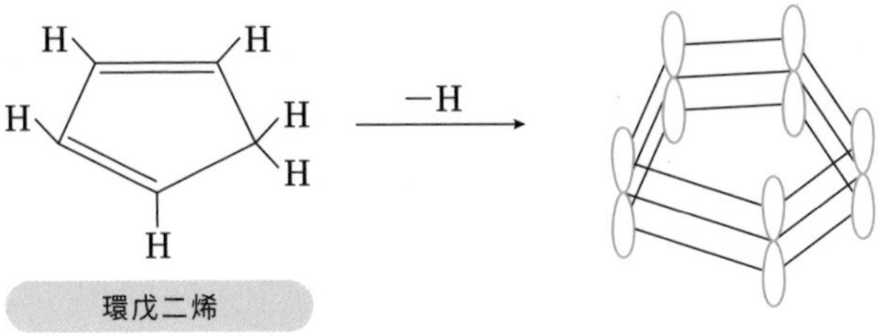

環戊二烯

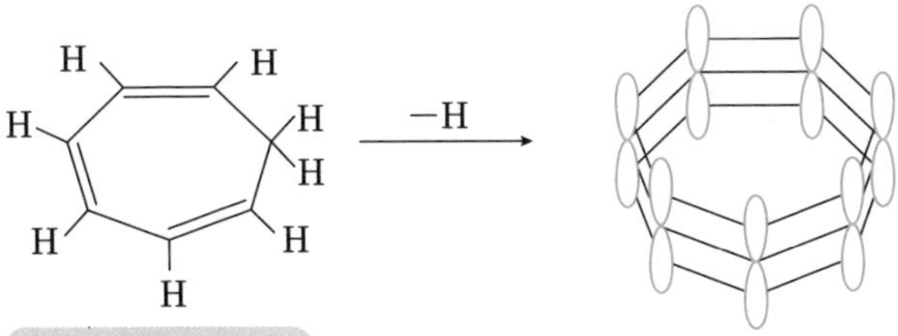

環庚三烯

球狀共軛分子

前面提到共軛分子包括直線狀的鏈狀共軛分子，與繞成一圈的環狀共軛分子。不過，除了這些平面狀的共軛分子之外，還有球狀及圓筒狀的立體共軛分子。

石墨烯就屬於平面共軛分子，由許多苯環拼接而成，看起來就像鳥籠的金屬網一樣。鉛筆筆芯中的石墨就是由好幾層石墨烯堆疊而成。

球狀共軛分子中的 C_{60} 富勒烯十分有名。如名稱所示，C_{60} 富勒烯是由 60 個碳原子組成的分子，這些碳全都是 sp^2 混成狀態。

奈米碳管為圓筒狀共軛分子，有相當高的強度。未來人們可能會用奈米碳管製成繩索，用以建造太空電梯，連接人造衛星與地面。

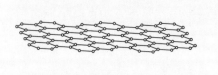

石墨烯

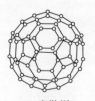

C_{60}富勒烯

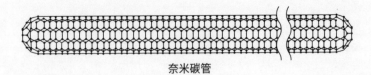

奈米碳管

第**7**章

共軛分子的分子軌域

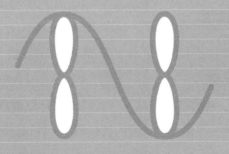

分子軌域法的基礎

—— 乙烯的分子軌域與能量

近年來新研發出的有機化合物，有著過往的有機化合物難以想像的多種功能與性質。用於製作齒輪的化合物、可以反彈來福槍子彈的有機高分子、無電阻可通電流的有機超導體、可被磁石吸引的有機磁性物質、可將光轉變成電能的有機太陽電池、通電後可發光的有機發光二極體（OLED）等等，這些連過去的SF世界都沒想過的有機化合物，一一成為了現實。

這些有機化合物有個共同特徵，那就是擁有共軛雙鍵，屬於共軛分子。這裡讓我們來看看共軛分子的分子軌域與分子能量間的關係吧。

● 乙烯的鍵結狀態

如同前一章中提到的，乙烯的碳原子為 sp^2 混成，$C = C$ 雙鍵包含了 σ 鍵與 π 鍵。

σ 鍵是獨立性很高的鍵結，不管旁邊有什麼鍵結，都不太會被影響。所以將分子中每個 σ 鍵的鍵能相加，就可以得到整個分子的 σ 鍵鍵能。

不過 π 鍵的情況就不同了。乙烯有1個雙鍵，丁二烯有2個雙鍵。但這不表示丁二烯的 π 鍵鍵能是乙烯 π 鍵的2倍。另外，前一

章中提到丁二烯其實有3個 π 鍵，但其 π 鍵鍵能也不是乙烯 π 鍵的3倍。

那麼，丁二烯的 π 鍵鍵能要如何計算呢？這裡就要用到量子化學的概念來計算，也就是分子軌域計算。

● 乙烯的分子軌域函數

在計算含有非定域雙鍵之共軛分子的分子軌域之前，這裡先讓我們來看看較單純、僅含有定域雙鍵之乙烯的分子軌域要如何計算吧。

a $\sigma\pi$ 分離

乙烯的 C＝C 雙鍵由 σ 鍵與 π 鍵結合而成。不過，σ 鍵與 π 鍵可視為彼此獨立的鍵結。也就是說，計算分子鍵能時，將 σ 鍵與 π 鍵視為獨立，就可直接把兩者鍵能相加計算。

這就是所謂的「$\sigma\pi$ 分離假設」。這個假設認為「精確說來，σ 鍵與 π 鍵雖然會互相影響，但影響程度相當小，因而可以視為彼此獨立」。

依照這個假設，將乙烯的 σ 鍵與 π 鍵分開來討論，可以得到次頁的圖。

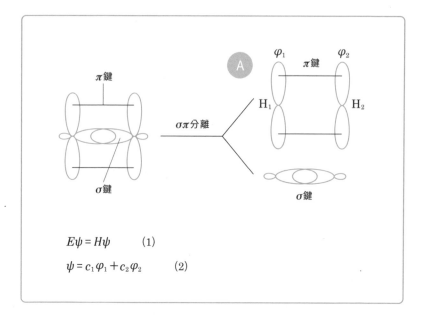

$$E\psi = H\psi \qquad (1)$$

$$\psi = c_1\varphi_1 + c_2\varphi_2 \qquad (2)$$

b 乙烯 π 鍵的軌域函數

上方圖A中，乙烯C＝C雙鍵的 π 鍵可以單獨拿出來討論。將分子軌域 ψ 表示成 φ_1、φ_2 的2個2p軌域的線性組合。

由前面的說明，我們可將這個分子的薛丁格方程式寫成上圖式（1），函數則可寫成式（2）。

這時各位應該會發現，這和前面介紹的氫分子共價鍵十分類似。差別只在於氫分子是用1s軌域形成 σ 鍵，乙烯則是用2p軌域來形成 π 鍵。因此，**將第5章第1節氫分子的分子軌域圖，圖中的 φ 函數從氫的1s軌域換成碳的2p軌域，將庫侖積分 α 從氫的1s軌域能量換成碳的2p軌域能量，如此就能用來說明乙烯的 π 鍵了。**

次頁的圖B就說明了乙烯的 π 鍵能量。能量為 α 的2個p軌域 φ_1 與 φ_2 在結合後，會得到成鍵性的 π 分子軌域 ψ_b，以及反鍵性的

π 分子軌域 ψ_a。兩者能量分別為 $E_b = \alpha + \beta$ 與 $E_a = \alpha - \beta$。

軌域函數圖形如圖C所示，圖中用曲線連接正值部分，並以陰影部分表示負值部分。這樣看來，波函數看起來就像真的波浪一樣。

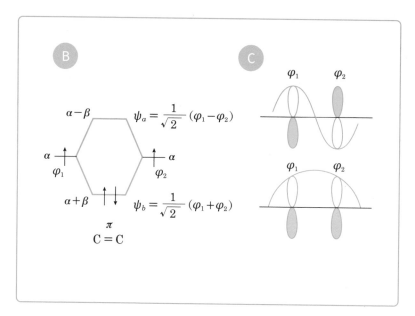

成鍵軌域為原子軌域函數的和，反鍵軌域則是原子軌域的差。反鍵軌域中存在「節」。也就是説，和前面看過的氫分子完全相同。

● 乙烯 π 鍵的鍵能

π 鍵鍵能的計算和前面提到的氫分子等計算方式完全相同。也就是説，在乙烯的軌域能階圖中，形成乙烯 $C = C$ 雙鍵的 2 個 π 電子會填入能量較低的成鍵性 π 軌域。所以這 2 個 π 電子的能量為 2（$\alpha + \beta$）。另一方面，鍵結前的電子能量等於碳原子 2p 軌域能

量 α。這表示，因為生成 π 鍵而穩定化的能量，即 π 鍵鍵能會等於「2β」。

這裡求算的是乙烯「定域 π 鍵」的鍵能「2β」，而這也會成為之後提到分子軌域法時，所有 π 鍵鍵能的「基準」。請將它牢記在腦海中。

$$\pi^* \text{————} \alpha - \beta \qquad 鍵結後\ E = 2(\alpha + \beta)$$

$$\pi \ \uparrow\downarrow \ \ \alpha + \beta \qquad -)\ 鍵結前\ E = 2\alpha$$

$$\Delta E = 2\beta$$

$$\pi 鍵鍵能$$

共軛分子的 分子軌域法基礎

—— 丁二烯的分子軌域與能階

　　説明過定域 π 鍵的分子軌域函數與分子軌域能量後,接著要談的是共軛分子,也就是如何計算非定域 π 鍵的分子軌域函數與分子軌域能量。

● 薛丁格方程式與它的解

　　丁二烯的薛丁格方程式基本上和乙烯相同(式(1)),差別只在於丁二烯的碳數增加到了 4 個($c_1 \sim c_4$)。將這個關係代入之前提過的關係式,經過機械化計算後,可以得到含有變數 $c_1 \sim c_4$ 的聯立方程式(係數方程式)如式(3)。

　　由這層關係可以推導出特徵方程式,再經過機械化計算後可以得到 4 個軌域的能量如式(4),以及 4 個與之對應的的軌域函數如式(5)。

$$E\psi = H\psi \qquad (1)$$

$$\psi = c_1\varphi_1 + c_2\varphi_2 + c_3\varphi_3 + c_4\varphi_4 \qquad (2)$$

$$
\begin{cases}
c_1(H_{11}-ES_{11}) + c_2(H_{12}-ES_{12}) + c_3(H_{13}-ES_{13}) + c_4(H_{14}-ES_{14}) = 0 \\
c_1(H_{21}-ES_{21}) + c_2(H_{22}-ES_{22}) + c_3(H_{23}-ES_{23}) + c_4(H_{24}-ES_{24}) = 0 \\
c_1(H_{31}-ES_{31}) + c_2(H_{32}-ES_{32}) + c_3(H_{33}-ES_{33}) + c_4(H_{34}-ES_{34}) = 0 \\
c_1(H_{41}-ES_{41}) + c_2(H_{42}-ES_{42}) + c_3(H_{43}-ES_{43}) + c_4(H_{44}-ES_{44}) = 0
\end{cases} \qquad (3)
$$

$$
\begin{cases}
E_4 = \alpha - 1.6182\beta \\
E_3 = \alpha - 0.6182\beta \\
E_2 = \alpha + 0.6182\beta \\
E_1 = \alpha + 1.6182\beta
\end{cases} \qquad (4)
$$

$$
\begin{cases}
\psi_4 = 0.3714\varphi_1 - 0.6015\varphi_2 + 0.6015\varphi_3 - 0.3714\varphi_4 \\
\psi_3 = 0.6015\varphi_1 - 0.3714\varphi_2 - 0.3714\varphi_3 + 0.6015\varphi_4 \\
\psi_2 = 0.6015\varphi_1 + 0.3714\varphi_2 - 0.3714\varphi_3 - 0.6015\varphi_4 \\
\psi_1 = 0.3714\varphi_1 + 0.6015\varphi_2 + 0.6015\varphi_3 + 0.3714\varphi_4
\end{cases} \qquad (5)
$$

● 軌域能量與軌域函數

次頁的圖是式（4）、（5）的圖像化。4個能階以 $E = \alpha$ 為基準上下對稱。也就是說，E_2 與 E_3 分別是 $E = \alpha \pm 0.6182\beta$，$E_1$ 與 E_4 分別是 $E = \alpha \pm 1.6182\beta$。**在所有鏈狀共軛化合物中，軌域能量會以 α 為準上下對稱。能量比 α 低的軌域皆為成鍵軌域，能量比 α 高的軌域皆為反鍵軌域。**

丁二烯有4個 π 電子，會各填入2個成鍵軌域。由這樣的電子組態所計算出來的鍵能約為 $4.47\ \beta$，與乙烯的鍵能 $2\ \beta$ 相比之

下，兩者之間有明顯的差異。

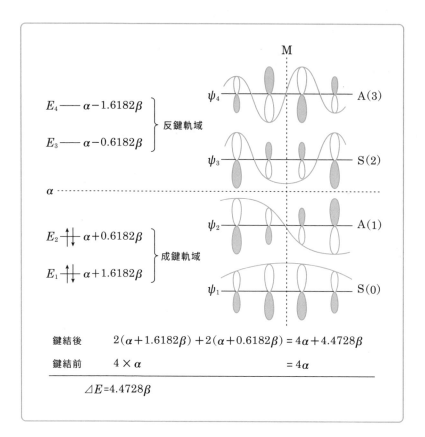

$$\psi_4 \quad\quad\quad\quad A(3)$$

$$E_4 \text{——} \alpha-1.6182\beta$$
$$\left.\begin{array}{c}\end{array}\right\} \text{反鍵軌域}$$
$$E_3 \text{——} \alpha-0.6182\beta$$

$$\psi_3 \quad\quad\quad\quad S(2)$$

$$\alpha$$

$$\psi_2 \quad\quad\quad\quad A(1)$$

$$E_2 \text{ ↿⇂ } \alpha+0.6182\beta$$
$$\left.\begin{array}{c}\end{array}\right\} \text{成鍵軌域}$$
$$E_1 \text{ ↿⇂ } \alpha+1.6182\beta$$

$$\psi_1 \quad\quad\quad\quad S(0)$$

鍵結後　　$2(\alpha+1.6182\beta)+2(\alpha+0.6182\beta)=4\alpha+4.4728\beta$

鍵結前　　$4\times\alpha$ 　　　　　　　　　$=4\alpha$

$$\triangle E=4.4728\beta$$

軌域函數擁有
獨特的對稱性

—— 軌域函數、節、對稱性、形狀

比起前一節的式（5），用圖來理解波函數應該會簡單許多。

● 節

能量最低的軌域 ψ_1 中，所有原子軌域皆以正值部分彼此連結，所以沒有節的存在。ψ_2 的左半邊為正值，右半邊為負值，所以分子中央有 1 個節。ψ_3、ψ_4 的節數則分別增加到了 2 個與 3 個。

一般而言，直鏈狀共軛分子的軌域節數，從低能階的軌域算起，依序為 1、2、3、……陸續增加。

● 對稱性

觀察函數的正負，可以看出 ψ_1 為左右對稱。這種軌域稱為**對稱（Symmetry）軌域**，以符號 S 表示。相對的，ψ_2 就不是左右對稱。這種軌域稱為**非對稱（Asymmetry）軌域**，以符號 A 表示。

從能階較低的波函數開始，函數的對稱性依序為 SASA，呈規則變化。一般來說，在表示對稱性的符號後方，會於符號後方的括號內標示節的個數。在之後談到分子的化學反應時，函數的正負值有著重要意義。

● 形狀

　　描繪出軌域形狀的圖中，原子軌域（**葉**，lobe）的大小取決於係數的大小。由前一節的式（5）可以知道，ψ_1 與 ψ_4 兩端的葉較小，中央的2個葉較大。ψ_2 與 ψ_3 則相反，兩端的葉較大，中央兩個葉較小。

　　如果無視葉的正負號，只看葉的大小形狀變化的話，就和能量大小一樣，4個能階的軌域形狀呈上下對稱。**下一章中談到分子性質時，葉的大小是相當重要的因素。**

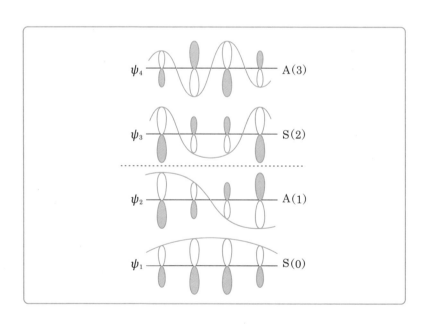

7-4

共軛分子愈長，
能階的間隔就愈狹窄

—— 共軛分子的長度與軌域能量

前一節中我們看到了含有2個雙鍵與1個單鍵的共軛分子——丁二烯的分子軌域。那麼，比丁二烯的長度更長的共軛分子會是什麼樣子呢？

● 軌域能量

如同我們前面介紹的，共軛分子指的是含有3個以上且連續排列的 sp^2 混成碳原子所組成的分子。由此可知，丁二烯有4個連續排列的 sp^2 混成碳原子，己三烯有6個連續排列的 sp^2 混成碳原子。

鏈狀共軛分子中，假設有 n 個 sp^2 混成碳原子構成共軛系統，那麼我們可以用次頁的圖簡單表示各軌域的能階。

以 α 為圓心，畫出一個半徑為 2β 的半圓，將半圓的圓心角 π 等分成 $(n+1)$ 個角，此時半徑與圓周之交點的高度，就是軌域的能量。能量數值可由式（1）計算求得。

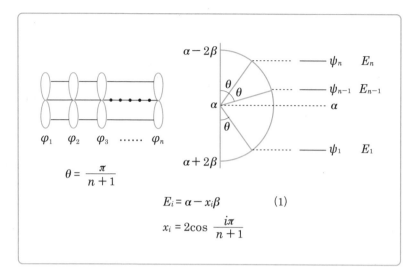

$$\theta = \frac{\pi}{n+1}$$

$$E_i = \alpha - x_i\beta \qquad (1)$$

$$x_i = 2\cos\frac{i\pi}{n+1}$$

● **軌域能量配置**

　　由上圖可以知道軌域能量的配置有以下特徵。

ａ 能階

①軌域函數與能階的數量和碳的個數相同。

②能階的最低能量為 $\alpha + 2\beta$，最高能量為 $\alpha - 2\beta$。

③各能階能量以 $E = \alpha$ 為基準，上下對稱。

④$E = \alpha$ 的軌域為非鍵軌域，能量比這低的軌域為成鍵軌域，能量比這高的軌域為反鍵軌域。

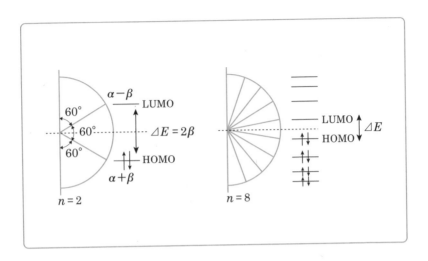

●HOMO與LUMO

上圖的分子軌域中，填有電子的軌域叫做<u>被佔據分子軌域</u>，沒有電子的軌域叫做<u>空軌域</u>。而被佔據分子軌域中，能量最高的軌域叫做<u>最高被佔據分子軌域</u>（Highest Occupied Molecular Orbital，<u>HOMO</u>），空軌域中能量最低的軌域叫做<u>最低未佔據分子軌域</u>（Lowest Unoccupied Molecular Orbital，<u>LUMO</u>）。

對電中性的分子來説，HOMO是成鍵軌域中能量最高的軌域，LUMO是反鍵軌域中能量最低的軌域。譬如 $n = 2$（乙烯）、$n = 8$（辛四烯）的軌域如上圖所示。

● 共軛分子的長度與能階間隔

在後面提到的光化學反應、熱化學反應中，HOMO、LUMO也扮演著重要角色。

由前面提到的①、②可以知道，共軛分子的碳數愈多，軌域的能階間隔就愈狹小。這個能量間隔相當於HOMO與LUMO之

間的能量差ΔE，由下面的圖可以看出，**共軛分子愈長（碳數愈多），能階間隔就愈狹小。**

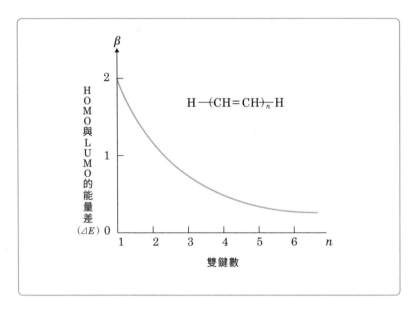

共軛系統的雙鍵個數愈多，HOMO與LUMO之間的能量差（ΔE）就愈小，也就是軌域能量的間隔也愈小。這會影響到之後提到的分子呈色與發光。

分子軌域函數與能階的整理

　　如同我們前面提到的，共軛分子的軌域函數特徵可整理如下。

①共軛分子的軌域數量與共軛碳數相同。

②從能量最低的軌域開始，軌域的對稱性會依S、A、S、A……的順序交替改變。

③從能量最低的軌域開始，軌域的節數會依0、1、2、3、……個的順序陸續增加。

　　了解以上特徵後，就算沒有實際計算分子軌域，也可了解共軛分子軌域的概略情況。

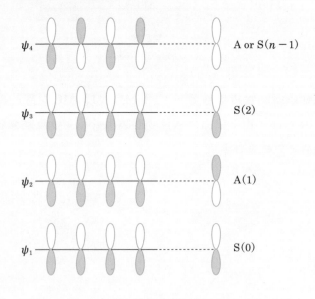

環丁二烯與苯的分子軌域

—— 環狀共軛分子的分子軌域

如同我們前面提到的，若環狀化合物中所有碳原子皆屬於共軛系統，就稱為**環狀共軛分子**。

● 軌域能量

如同前節所介紹的，環狀共軛分子的軌域能階可以透過簡單圖形求算出來。

也就是說，假設以 $E = \alpha$ 為中心畫一個半徑為 2β 的圓，並在內部畫出環狀化合物的圓內接正多邊形。此時假設最下方的那一個頂點為 $E = \alpha + 2\beta$，而多邊形與圓的接點高度則是代表各軌域的能量。

次頁的圖中以環丁二烯與苯為例，畫出各軌域的能量。環丁二烯在 $E = \alpha$ 處有 2 個軌域，這種 $E = \alpha$ 的軌域一般稱為非鍵軌域（nonbonding orbital，n 軌域）。

● 簡併軌域

如果是邊數為偶數的多邊形環狀共軛分子，除了上下頂點（$E = \alpha + 2\beta$ 與 $E = \alpha - 2\beta$）外，每個能階皆包含了 2 個軌域。這個意思就是相同能階的軌域會成對出現，這樣的軌域又叫做簡併軌

域。

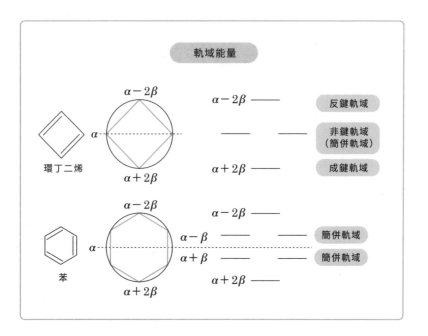

● 分子軌域函數

　　環丁二烯的軌域函數如下圖所示。成鍵軌域（$E = \alpha + 2\beta$）沒有節（節面），非鍵軌域（$E = \alpha$）有1個節面，反鍵軌域（$E = \alpha - 2\beta$）則有2個節面。其中，2個非鍵軌域的節面方向不同。

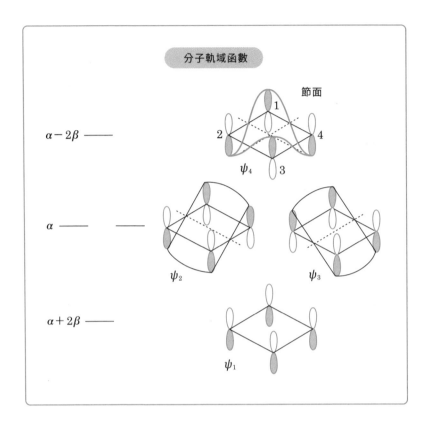

與介紹鏈狀化合物的軌域時一樣，這裡也用曲線將函數的葉的正值部分連接起來。曲線穿過分子面的部分則稱為**節**，與鏈狀化合物完全相同。

不過，環狀化合物的節不是一個點，而是一個面，所以也叫做**節面**。ψ_2 與 ψ_3 中就有清楚的節面，圖中的虛線部分就是分子軌域的節面。

ψ_2 與 ψ_3 有 1 個節面，ψ_1 沒有節面，而 ψ_4 則有 2 個節面。環狀共軛分子和鏈狀共軛分子一樣，軌域能量愈高，節面個數愈多。

本章所介紹的分子軌域函數與軌域能量可能會讓人覺得有些

枯燥無味，讓人覺得「知道這些又有什麼用？」。但事實上，之後提到的分子性質、分子反應性，以及反應進行方向時，都會以本章內容為基礎進行說明。而這正是量子化學、分子軌域的精髓。接著就讓我們繼續往下一章前進吧。

量子化學之窗

分子軌域計算

分子軌域法的核心，就在於解特徵方程式的行列式。不過這種行列式十分複雜，計算 π 鍵的軌域時，有幾個 π 電子，就要計算幾行幾列的行列式。譬如有 6 個 π 電子的苯，就要計算 6 行 6 列的行列式；有 10 個 π 電子的萘，就要計算 10 行 10 列的行列式。要是沒有計算機的話根本算不出結果。

不過，就像你在本章中看到的一樣，如果只討論定性特徵的話，就不需要解行列式。透過簡單的作圖，也可求出軌域能量與軌域函數。而且，從這些簡單操作中得到的發現，也可以說明許多有機化合物的重要性質與反應機制。

這些分子軌域法告訴我們的知識，有助於提升研究者的能力與力量。

第Ⅲ部 • 量子化學與分子的物理性質、反應性

第8章

分子的物理性質與

分子軌域

8-1

為什麼共軛分子
比較穩定？

—— 分子的穩定性與非定域化能

　　分子軌域法可用來判斷分子的穩定性、物理性質、反應性等定量性質。過去化學家們曾開發出各式各樣的經驗性、感覺性等定性方法來判斷這些分子性質。

　　過去的化學家們會用這些方法來分析化學反應，進行化學合成。不過在出現分子軌域法後，化學家們才能真正進行「定量」的分析。

● 鍵能

　　前一章中我們計算出了丁二烯的 π 鍵鍵能 E 為 $4.47\,\beta$，計算過程如次頁圖左方所示。丁二烯的鍵結為共軛雙鍵，π 鍵從共軛系統的一端延伸到另一端，屬於連續的非定域 π 鍵。此時的鍵能亦屬於非定域鍵能 $E_{非定域}$。

　　要是丁二烯的 π 鍵不是非定域 π 鍵的話，鍵能又會變得如何呢？

　　如次頁圖右方所示，此時的丁二烯 π 鍵就相當於 2 個定域 π 鍵，軌域能量與電子組態也如圖所示，鍵能為乙烯 π 鍵鍵能的 2 倍，故 $E_{定域} = 4\,\beta$。

　　$E_{非定域}$ 的 $4.47\,\beta$ 與 $E_{定域}$ 的 $4\,\beta$ 之間的差異有什麼意義呢？這

表示，定域的鍵能比非定域的鍵能大 0.47β。也就是說，與定域狀態的丁二烯相比，非定域狀態下的丁二烯較穩定，穩定度差了 0.47β。

兩者之間鍵能的差異又叫做非定域化能 DE_π (Delocalization Energy)。

$$DE_\pi = E_{非定域} - E_{定域}$$

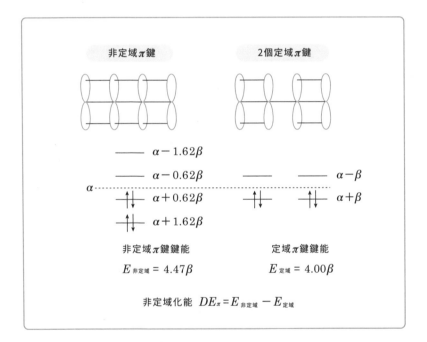

除了少數例子之外，對於可非定域化的分子來說，非定域狀態下的分子能量較為穩定。

● 苯的非定域化能

在有機化合物中，苯這種化合物特別穩定，不易產生變化。

以下讓我們來看看如何計算苯的非定域化能。

　　前一章中，我們已介紹過如何計算環狀共軛分子的軌域能量。若分子為非定域狀態，計算出來的鍵能是 8β；若分子為定域狀態，可視為 3 個排列成環狀的乙烯，故計算出來的鍵能是 6β。也就是說，苯的非定域化能為 2β。

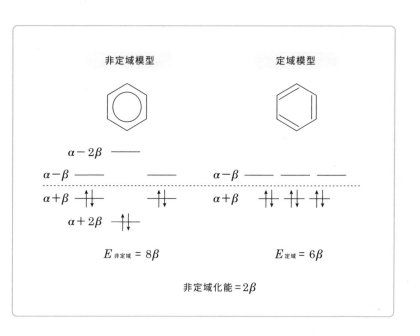

● 共振

　　在分子軌域法出現以前，化學家們會以共振的概念來解釋分子的穩定性。

　　共振模型與其說是理論，不如說是牽強附會；但就結果而言，共振模型可以精準地「猜中」實際情況也是事實。共振模型的概念簡介如下。

首先，考慮該分子的數種合理結構式，並將其命名為共振結構式（極限結構式）。以苯為例，下圖中，苯有A、B的2種共振結構，兩者的雙鍵位置不同。此時，這2種結構「共振後的結果」C，就是A與B的平均結構，稱為共振混成體。而由共振所形成的C的能量會比A、B的能量還要低，比A，B都還要穩定，而C與A、B間的能量差異就叫做共振能。也就是說，「A、B在共振後會變得比較穩定」。

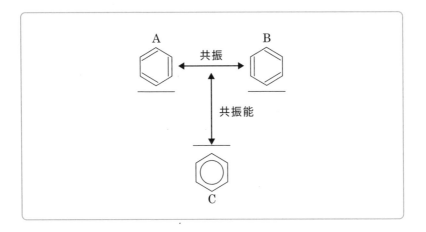

　　這種模型聽起來很單純，應用上很方便，卻難以找到足夠的證據說明這個理論。但是無論如何，不會有人否定共振這個概念對有機化學發展的貢獻。有機化學的教學現場中，現在仍存有共振的概念。

　　共振能的概念在分子軌域法中相當於非定域化能。而兩者的差別在於一個是「邏輯性的、定量的」，另一個則是「感覺性的、非定量的」。

分子的穩定性

　　有些分子很穩定，有些分子則否。穩定的分子沒什麼變化，一直保持著相同狀態，譬如苯就是一種典型的穩定有機分子。

　　相對的，不穩定的分子會馬上被分解，或者轉變成其他分子。不過，不穩定的分子有2種。一種是該分子的能量較高，會在分解後釋放出能量，轉變為較穩定、較小的分子。

　　另一種不穩定分子在能量上相對較穩定，但反應性很高，容易和鄰近的分子反應。這種分子只有在旁邊有可反應對象時才會起反應，旁邊沒有反應對象的話，就會一直保持原樣，可以說是相當穩定。用穩定／不穩定一詞來形容分子時簡單易懂，但其實還可分成多種狀況來討論。

8-2

π 電子位於何處？

── 分子的離子性與電子密度

共軛分子的 π 鍵中的 π 電子主要位於哪個原子上呢？我們會用 π 電子密度來說明這點。

● 乙烯的 π 電子密度

某個原子的 π 電子密度 q，是用來表示形式上位於該原子的 π 電子個數。

以乙烯的 π 電子位置為例來說明。乙烯有 2 個 π 電子，形式上 C_1、C_2 上各擁有 1 個 π 電子，所以 q_1、q_2 皆為 1。

如果 2 個 π 電子都在 C_1 上，C_2 上沒有任何電子，則 $q_1 = 2$、$q_2 = 0$。因為電中性的碳原子只有 1 個 π 電子，所以這個情況下 C_1 的電荷為 -1，C_2 的電荷為 $+1$。當然，正常乙烯的電子密度為 $q_1 = q_2 = 1$。

電子密度可由次頁圖中的式子定義。請注意碳原子的電子密度，會等於分子軌域函數中碳原子係數的平方總和。也就是說，電子會大量存在於分子軌域函數中較大的「葉」中。

第
8
章

分
子
的
物
理
性
質
與
分
子
軌
域

$$H_2\dot{C}-\dot{C}H_2$$
$$\underset{1}{}\quad\underset{2}{}$$
$$q_1 = q_2 = 1$$

$$\overset{-}{H_2\ddot{C}}-\overset{+}{CH_2}$$
$$q_1 = 2, \quad q_2 = 0$$

$$q_n = \sum_\lambda n_i C_{in}^2$$

n_i：第 i 個分子軌域內的電子個數

C_{in}：第 i 個分子軌域中，第 n 個原子的係數

$$(H_2\underset{1}{C}=\underset{2}{CH_2})^+$$
乙烯陽離子

$$\underline{} \quad \psi = \frac{1}{\sqrt{2}}(\varphi_1 - \varphi_2)$$

$$\underline{\uparrow} \quad \psi_1 = \frac{1}{\sqrt{2}}(\varphi_1 + \varphi_2)$$

$$q_1 = q_2 = \left(\frac{1}{\sqrt{2}}\right)^2 = 0.5 \qquad (1)$$

● 離子的電子密度

我們可由上方圖中的式（1）計算出乙烯陽離子的電子密度為 $q_1 = q_2 = 0.5$，2 個原子上各存在半個電子。這表示 2 個原子分別帶有 ＋0.5 的電荷，符合過去的化學直觀。

那麼在丁二烯陽離子中，電荷會如何分布在 4 個碳原子之間呢？要是不實際算算看也不知道。經過式（1）的計算可以得到次頁的圖。也就是說，4 個碳原子都帶有正電荷，但比例各不相同，兩端的碳原子帶有較多正電荷，這個結果就和過去的化學直觀不符了。

電荷

$+0.36 +0.14$
$(H_2C = CH - CH = CH_2)^+$
0.14   0.36

$-0.36 -0.14$
$(H_2C = CH - CH = CH_2)^-$
1.36   1.14

電子密度

丁二烯陽離子   丁二烯陰離子

下圖為環狀共軛分子的電子密度。圖中化合物是全由碳與氫結合而成的分子。而且整個分子是電中性，所以每個碳原子應該也都會是電中性才對，就和乙烯一樣。

但實際上並非如此。經過分子軌域的計算後可以知道，圖中某些部分帶有正電，某些部分帶有負電，故為極性（離子性）分子。而實驗結果也支持這個理論。之後我們提到「芳香族性」的時候，會再回顧這個部分。

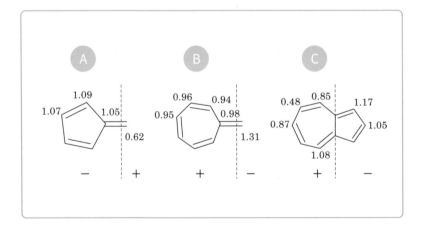

應視為幾個鍵？

── 鍵長與鍵級

乙烷的 C－C 鍵中不含 π 鍵。而乙烯的 C＝C 鍵則有 1 個 π 鍵。**我們會用 π 的鍵級 p_{rs} 來描述碳原子 C_r 與 C_s 之間有多少個 π 鍵。**

● 鍵級的定義

鍵結的強度會隨著 π 鍵個數的增加而跟著增加，故單鍵（0 個 π 鍵）＜雙鍵（1 個 π 鍵）＜三鍵（2 個 π 鍵），鍵級則可想成是表示鍵結強度的數值。

鍵結次數如下圖中式（2）的定義所示。也就是 2 個彼此鍵結之原子的分子軌域函數係數乘積加總。因此，係數愈大的原子之間的鍵結就愈強。這和前一節中提到的電子密度概念類似。

簡言之，電子密度算的是該原子「上」的電子密度，鍵級指的則是原子「間」的電子密度。

$$p = \sum_i n_i C_{ir} C_{is} \quad (2)$$

n_i ： 第 i 個分子軌域內的電子數
C_{ir} ： 第 i 個分子軌域中，第 r 個原子的係數
C_{is} ： 第 i 個分子軌域中，第 s 個原子的係數

● 乙烯的鍵級

由上式可以計算出乙烯的鍵級為 $p = 1$，這個結果和具有 1 個 π 鍵的「化學直觀」一致。

那麼乙烯陽離子又會如何呢？

乙烯陽離子的 π 鍵電子只有電中性乙烯的一半，也就是 1 個，故式中成鍵軌域 ψ_1 的電子數 n_1 為 1，鍵級也會變成一半，即 $p = 0.5$。也就是說，鍵結強度只有電中性分子的一半。鍵結變弱的同時，C–C 間的鍵長也會拉長。

如果是乙烯陰離子的話，反鍵軌域 ψ_2 也有 1 個電子，鍵結會變得比較弱，所以結果和乙烯陽離子相同。

$H_2C=CH_2$	$(H_2C=CH_2)^+$	$(H_2C=CH_2)^-$
$p=1$	$p=0.5$	$p=0.5$
乙烯	乙烯陽離子	乙烯陰離子

$\alpha - \beta$ —— —— ↑↓

$\alpha + \beta$ ↑↓ ↑ ↑↓

| $n_1=2,\ n_2=0$ | $n_1=1,\ n_2=0$ | $n_1=2,\ n_2=1$ |

● 激發態分子的鍵級

之後的章節會提到，乙烯照到光（光子）之後，乙烯的 π 電子會吸收光能，從軌域 ψ_1 移動到軌域 ψ_2（電子躍遷）。躍遷前的低能量狀態較穩定，稱為基態；躍遷後的高能量狀態較不穩定，稱為激發態。

那麼激發態乙烯的鍵
級會是如何呢？

**激發態分子中，成鍵
軌域與反鍵軌域各有1個
電子。因此成鍵軌域與反
鍵軌域兩者彼此抵消後，
鍵級為$p = 0$，即不存在
π鍵。**

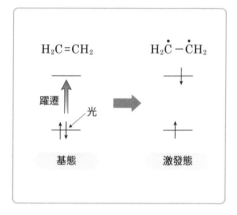

● 共軛分子的鍵級

前面我們提到，共軛分子的鍵結介於單鍵與雙鍵之間。若從
鍵級的觀點來看的話又會如何呢？

下圖是由鍵級的定義式計算出來的丁二烯各鍵鍵級。3個碳碳
鍵皆包含π鍵，不過3個鍵的大小皆不同。位於兩端之碳碳鍵的雙
鍵程度較高，位於中央之碳碳鍵的雙鍵程度較低。過去無法定量的
π鍵程度，現在已可透過分子軌域法定量出π鍵的數值大小。

丁二烯的鍵級

$$H_2C \underset{0.89}{\longrightarrow} CH \underset{0.45}{\longrightarrow} CH \underset{0.89}{\longrightarrow} CH_2$$

● 鍵級與鍵長

**鍵級代表鍵結的強度，而實際測得的鍵長也可代表鍵結強
度。若是鍵結愈強，原子間的連結力量就會愈強，所以原子之間的**

間隔，也就是鍵長也愈短。相反的，若是鍵結愈弱，鍵長就會愈長。

　　下圖為鍵級與鍵長之間的關係，可以看出兩者間有明顯的負相關。

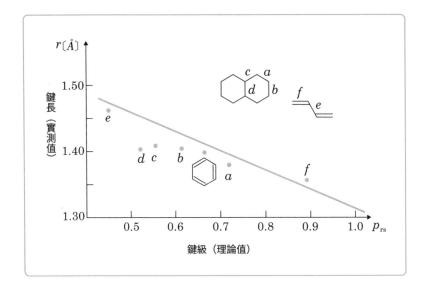

8-4

自由基會以分子的哪個部分進行反應？

── 自由基的反應性與自由價

化學反應中，離子性的分子A攻擊另一個分子B時，如果A是陽離子的話，就會攻擊B的負電部分；如果A是陰離子的話，就會攻擊B的正電部分。

不過，不是只有離子會攻擊其他分子。擁有不成對電子的自由基也會攻擊其他分子。**電中性的自由基會攻擊分子B的哪個部分呢？這取決於該自由基的自由價F_r。**

$$F_r = 3 + \sqrt{3} - \sum_i p_{ri}$$

● 價數的問題

丁二烯的鍵級計算如前節所述，接著讓我們用鍵級來算出丁二烯中各個碳原子的價數吧。

因為C_1有3個σ鍵（2個C—H鍵與1個C—C鍵）與0.89個π鍵，故價數為3.89。另一方面，C_2與C_1一樣有3個σ鍵（1個C—H鍵與2個C—C鍵），π鍵部分卻不同。C_2與C_1間有0.89個π鍵，C_2與C_3間有0.45個π鍵，將σ鍵與π鍵全加起來後可以得到C_2的價數為4.34。

碳的價數應該是4才對，為什麼會算出3.89、4.34這種數字呢？這是因為計算π鍵時，我們用了$\sigma\pi$分離、無視重疊積分等近似方法計算的關係。

$$\begin{array}{ccc} \text{價數} & 3.89 & 4.34 \\ & | & | \\ & \underset{1}{CH_2} = \underset{2}{CH} - \underset{3}{CH} = \underset{4}{CH_2} \\ & | & | \\ \text{自由價} & 0.84 & 0.39 \end{array}$$

● 自由價

不過，屬於同一個丁二烯分子的C_1與C_2，為什麼價數會有差異呢？這個差異又有什麼意義呢？化學家們從近似過程下手，試著計算價數最大可以大到多少，後來發現三亞甲基甲烷（trimethylenemethane）的中央碳原子的價數是目前已知的最大值，其值為$3 + \sqrt{3} = 4.73$。

這表示丁二烯的C_1還有0.84個鍵未與其他原子連結，C_2還有0.39個鍵未與其他原子連結。丁二烯遭自由基攻擊時，會用這些剩下的「鍵」來和自由基反應，所以這些剩下的價數，就稱為自由價。自由價的定義式如圖所示。

在丁二烯的實際反應中，自由價較高的碳也確實較容易被自由基攻擊。

$$\text{價數} = 3 + \sqrt{3}$$

三亞甲基甲烷

量子化學之窗

「就算跌倒，也不要馬上站起來」

　　一般人在跌倒後會馬上站起來，但如果是小氣的人，則會先抓起一把沙子再站起來。抓起沙子其實也沒什麼用，只是不想白白跌倒而已，可說是一種「對小氣的堅持」。

　　之所以會出現這種自由價的概念，也是因為這種「對小氣的堅持」。一般人計算出同一個分子內的不同碳原子有不同價數時，可能會覺得「因為這是用概略值進行的計算，有誤差也沒辦法」，而不去追究不同碳原子的價數差異。科學家則不同。科學家們會從一般人容易忽略的現象中，找尋新的價值。

　　這就是「研究的靈魂」不是嗎？

什麼是芳香族？

── 芳香族與休克爾法則

　　有機化合物中，有一群化合物叫做芳香族。苯就是一種典型的芳香族化合物。雖稱它們是「芳香」族，但大部分都不「芳香」，而是具有「惡臭」。

　　從有機化學的角度來看，芳香族一般都是環狀共軛化合物，擁有特殊的穩定性與反應性。不過，芳香族的範圍很廣，過去在定義哪些化合物是芳香族時，仍有一些模糊地帶。讓我們從量子化學的角度來解決這個問題吧。

● 苯的電子組態與穩定性

　　如同我們先前所看到的，苯的電子組態如次頁的圖，非定域化能為 2β。

　　從苯上拿走 1 個電子，使 π 電子數變為 5 個，成為陽離子，這時會變得如何呢？非定域化能仍是 2β。不過，分子穩定性並非僅由能量決定，反應性上的穩定也是相當重要的因素。

　　拿走 1 個電子後，苯會出現不成對電子。這個分子會因為不成對電子的出現而擁有自由基性質並提高反應性，容易與其他分子產生反應。也就是說，雖然能量上相對穩定，反應性層面卻變得不穩定。

拿走2個電子後，變為4π電子的分子，這時又會如何呢？2個簡併軌域中分別填有1個電子，成為擁有2個不成對電子的雙自由基，更加不穩定。

如果加入更多電子，使苯成為陰離子的話又會如何呢？加入1個電子後會變成7π電子的自由基，加入2個電子後會變成8π電子的雙自由基，無論是哪一種自由基在反應層面上都相當不穩定。也就是說，<u>**苯只有在含有6個π電子，處於電中性狀態時為穩定分子**</u>。

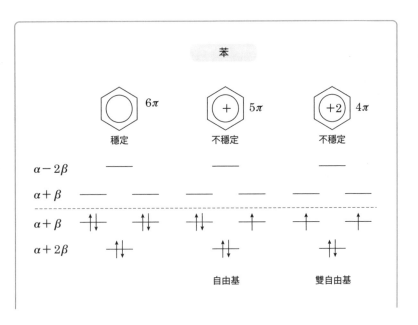

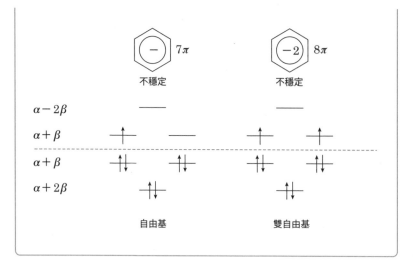

● 環丁二烯的電子組態與不穩定性

次頁圖為環丁二烯的電子組態。環丁二烯有 4 個 π 電子，其中 2 個是不成對電子，故可推測反應性相當高。

事實上，環丁二烯也確實很不穩定，從來沒有人能夠成功分離出來。不過，雖然沒辦法分離出純粹的環丁二烯液體或結晶，卻已有科學家能成功配置出環丁二烯的稀薄溶液。也就是説，只要周圍不存在會與環丁二烯反應的分子，環丁二烯就能夠持續「穩定」存在。

環丁二烯加入 2 個電子，成為 6 π 電子的分子時，雖然鍵能沒有變化，但不成對電子數歸零，使分子變得比較穩定。另一方面，如果拿掉 2 個電子，使環丁二烯成為 2 π 電子的分子，同樣也會變得比較穩定。

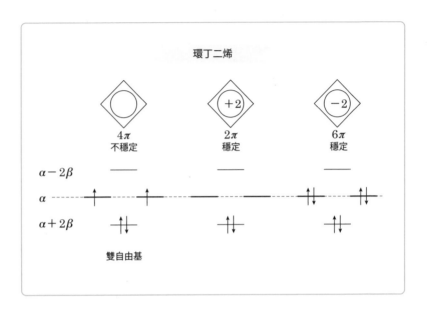

● 奇數員環分子

第 6 章中我們曾看過由奇數個碳組成之奇數員環化合物的鍵結狀態，以下讓我們來看看它們的電子組態。

我們在前一章中曾說明過環狀化合物的各能階差異，討論奇數員環化合物的軌域能階時也可使用同樣的方式。也就是畫一個半徑為 2β 的圓，然後作一個內接正 n 邊形，令正 n 邊形的其中一個頂點在正下方，能量為 $\alpha + 2\beta$。此時各頂點的位置就相當於各軌域的能量。

次頁圖為三員環與五員環的例子。三員環與環丁二烯的例子類似，只有含 2π 電子的陽離子型態比較穩定；五員環則是含 6π 電子的陰離子型態比較穩定。

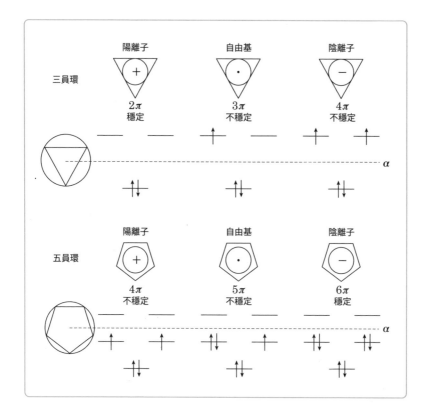

● 休克爾法則

前面我們看過的環狀共軛化合物中，較穩定的只有含 2π、6π 電子的分子，除此之外的分子皆不穩定。僅從以上結果就導出這樣的結論似乎有些魯莽，不過經過許多實驗結果的驗證後，科學家們已可得到以下結論。

「環內有 $(4n+2)$ 個 π 電子的環狀共軛化合物，稱為芳香族」。

這個命題也以提出者的名字，將其命名為休克爾法則，並成為了芳香族的定義。

芳香族化合物的
性質與反應性
—— 芳香族性與分子行為

擁有芳香族性不僅僅代表分子的穩定性，分子還會為了獲得芳香族性或放棄芳香族性而改變自身的形狀。這麼一想，要當一個分子也沒那麼容易。

● 反芳香族

有些芳香族分子擁有特別的穩定性，但另一方面，環內含有 4π、8π，或者說是 $4n$ 個 π 電子的分子則特別不穩定。這類化合物特稱為「反芳香族」。環丁二烯就是一個反芳香族的典型例子。

● 介於芳香族與反芳香族之間

不過，也有某些分子符合反芳香族的定義，卻相當穩定。譬如八員環的環辛四烯COT，由於它是擁有8個 π 電子的反芳香族，理論上應該相當不穩定才對。然而這種化合物卻能夠穩定存在，並非特別不穩定的化合物。

要是所有p軌域沒有彼此平行、互相接觸，就不會成為環狀共軛分子。如果不是環狀共軛分子的話，就不會是芳香族，也不會是反芳香族。只是單純有好幾個雙鍵的「環狀不飽和化合物」。

圖A為電中性的COT，並非平面分子。這種彎曲的環狀與西

式浴缸外型相似，故也叫做浴盆型構形或桶構形。當環辛四烯呈現這種扭曲的構形時，各個雙鍵彼此獨立，不會形成共軛分子。所以這是相當不穩定的構形。

　　但如果再給它2個電子，形成擁有10個 π 電子的分子，就會成為有共軛性質的芳香族分子，能夠相當穩定的存在。這時候的COT會攤開變成平面狀的構形。就連分子也會「選擇」自己的結構，相當可愛不是嗎？

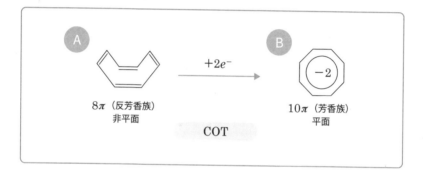

8π（反芳香族）
非平面

$+2e^-$

10π（芳香族）
平面

COT

● 極性芳香族分子

　　本章第2節（p.185）中，有提到含有極性（離子性）的環狀化合物。為什麼這類的化合物會分成帶正電的部分與帶負電的部分呢？

　　仔細一看可以發現，p.185的3個化合物中，五員環部分皆帶有負電荷，七員環部分皆帶有正電荷。次頁的圖D，即是將本章第2節的化合物C（薁）的每個雙鍵都改畫成2個 π 電子。可以看到七員環部分與五員環部分的 π 電子數分別是7個和5個，是相當不穩定的系統。

　　這時候，**如果七員環部分的1個 π 電子移動到五員環的話會如**

何呢？這時候2個環都會成為擁有6個 π 電子的芳香族性分子，變得相當穩定。所以說，薁會像下圖一樣自行調整成極性化合物。

薁的分子式為 $C_{10}H_{10}$，與萘相同。不過萘為無色，薁則是像藍墨水般的深藍色結晶。薁的英文名稱Azulene，就是源自法文Azure，意為藍色。因為薁有如此特殊的電子組態，才會有極性。

本章第2節的化合物A（富烯，Pentafulvene）、B（庚富烯，Heptafulvene）也是為了讓環狀部分轉變成含有6個 π 電子的結構，這樣想就可以理解為什麼它們會形成有極性的芳香族分子了。

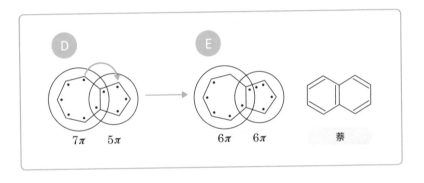

芳香族化合物的性質與反應性

第**9**章

分子的發光、
呈色與分子軌域

為什麼分子會發光？

—— 發光的原理

　　如同我們在第1章中提到的，光電效應是量子化學誕生的契機之一。光電效應是光子與分子的交互作用。不用說，光子就是光的本體。這表示，「分子與光子的交互作用」是量子化學的主要課題之一，其重要性也能從量子化學解決了許多和光與分子有關的難題看出來。這裡就讓我們來看看分子與光在物理層面上有哪些交互作用吧。

● 光與能量

　　在介紹光與分子的交互作用之前，先來看光究竟是什麼吧。**光同時擁有2種性質，分別是做為光子時的粒子性，以及做為電磁波的波動性。做為一種波動，不同的光有各自的頻率 ν 與波長 λ，而光速 c 則是波長與頻率的乘積。**

$$c = \lambda \nu$$

電磁波皆擁有能量 E，能量與頻率 ν 成正比，與波長 λ 成反比。這裡的 h 是一個常數，叫做普朗克常數。

$$E = h\nu = \frac{ch}{\lambda}$$

由這個式子可以看出，波長較短的電磁波能量較高，波長較長的電磁波能量較低。

電磁波的波長可以長達數公里，也可以小到只有1m的十億分之一，也就是短到只有幾奈米的長度。波長在幾公尺以上的電磁波，其能量幾乎不會影響到我們的現實生活，不過波長較短的電磁波就不是如此了。

我們平常可以感受到的電磁波波長為400nm到800nm。nm唸作奈米，$1nm = 10^{-9}m$，也就是1m的十億分之一。人類身上的光感應器，也就是「眼睛」，只能感應到波長為 $400 \sim 800nm$ 的電磁波。

● 光的色彩

人類感應到光時，會因為波長不同而看到不同顏色，如次頁圖所示。**電磁波中波長最長的是無線電波，波長略大於800nm的是紅外線；波長在 $400 \sim 800nm$ 之間的被稱為可見光，波長更短的光則包括紫外線與X射線。**

人類的眼睛看不到紅外線與紫外線。不過皮膚被紅外線照到時會覺得熱，被紫外線照到時則會曬傷。可見光的波長不同時，我們會看到不一樣的顏色。日本將可見光分成7種顏色，就像彩虹傳統上也分成7種顏色一樣。如次頁圖所示，紅光波長最長，紫光波長最短。

太陽光沒有顏色，也叫做白光。不過我們可以用三稜鏡將太陽光分離成彩虹的7種顏色。而這7種顏色混合之後，也能變回白光。

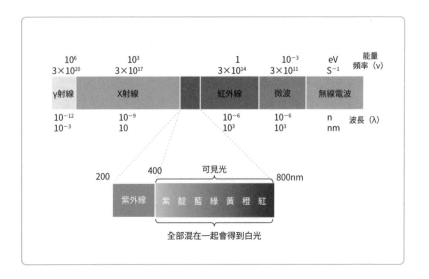

● 光的三原色

前面提到彩虹的七色光混合之後會得到白光。一般而言，混合愈多顏色的光就會愈明亮。所以混合不同顏色的光時，會用到所謂的**加法混色**。

事實上，就算沒有使用7種顏色的光，只混合3種顏色的光，也可以得到白光。這3種顏色的光就稱為光的三原色，分別是紅、藍、綠3色。

如果不是混合3種色光，而是混合2種色光時，可得到特定顏色。各色光混合後得到的顏色如次頁圖所示。另外，三原色以不同比例混合時，也會得到不同顏色。因此，只要有三原色的色光，就可以自由調整出任何我們想要的色光。電視之類的彩色顯示器就是利用這個原理調整出各種顏色。

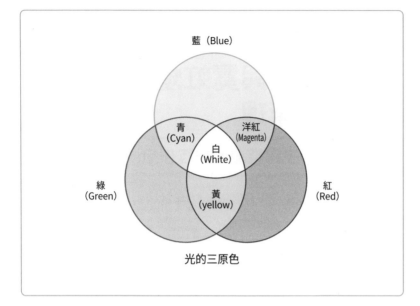

光的三原色

量子化學之窗

色彩的三原色

　　光有「光的三原色（紅、藍、綠）」，色彩則有「色彩的三原色（洋紅、黃、青）」。就像水彩顏料一樣，這三原色可以混合出所有想要的顏色，但如果過度混合，最後就會得到沒有色彩的黑色。這種如顏料色彩的混合方式，就叫做減法混色。

水銀燈與霓虹燈的發光原理

—— 原子與電流的交互作用

電視機的發展速度十分驚人。30年前的電視還是厚度達50cm的箱子，幾乎可算是大型家具。

後來廠商推出了厚度10cm左右的薄型電視以及液晶電視、電漿電視，性能上各有其優缺點。到了現在，電漿電視已從市場上消失，由液晶電視和以前市場上沒有的OLED電視稱霸市場。那麼OLED又是什麼呢？

● 炭燃燒時會產生熱的原因

炭燃燒時會產生熱。這是因為燃燒時，炭以「熱」的形式釋放出能量的關係。為什麼燃燒中的炭會釋放出熱呢？

炭是由碳原子C組成的塊狀物。炭在燃燒時，碳原子會與空氣中的氧氣O_2起化學反應，產生二氧化碳CO_2。

$$\underbrace{C + O_2}_{\text{反應物}} \rightarrow \underbrace{CO_2}_{\text{生成物}}$$

所有原子與分子都有固定的能量大小。上方的反應式中，箭頭左側的物質稱為**反應物**，右側物質稱為**生成物**。而在比較反應式兩側的物質能量時，反應物含有的能量比較高。

反應物轉變成生成物時，會將兩者的能量差ΔE釋放至外部。這種能量會以熱（反應熱）的形式被我們觀察到。

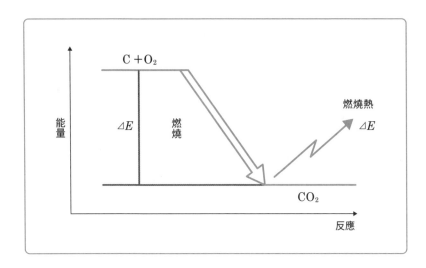

● 水銀燈發光的原因

公園裡發出藍白色光芒的水銀燈中，含有液態金屬汞Hg。**水銀燈通電後，汞原子的HOMO軌域（參考第7章第4節）的電子會獲得 ΔE_{Hg} 的電能，躍遷到LUMO軌域，成為高能量狀態（激發態）。這種狀態相當不穩定，因此汞會馬上釋出能量，回到原本的狀態（基態），同時會釋放出多餘的能量 ΔE_{Hg}，使我們能看到藍白色的光芒。**

● 水銀燈與霓虹燈的差異

水銀燈的燈泡內含有汞，霓虹燈燈管內則含有氖Ne原子（氣態）。水銀燈可發出藍白色光芒，霓虹燈的光則是紅色。為什麼顏色會不一樣呢？

這是因為汞與氖的 HOMO 與 LUMO 的能量差 ΔE 不同。汞的 ΔE_{Hg} 比氖的 ΔE_{Hg} 還要大。因此，水銀燈會釋放出能量較大、波長較短的藍光；相對的，霓虹燈則會釋放出能量較小、波長較長的紅光。

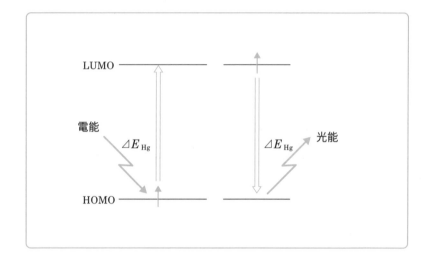

有機發光二極體可說是
下個世代的電視

—— OLED 的發光原理

原子通電後會發光，或者說給予原子電能後能使其發光的現象可能會讓你覺得十分神奇。但其實這一點也不奇怪，只要從能量變化的角度來看化學現象，就可以了解到這是十分自然的現象。

● 電流是什麼？

OLED元件的發光原理和前面提到的汞或氖的發光原理相同。也就是說，只要讓OLED的發光分子轉變成激發態，就會發光。

在說明什麼是OLED元件之前，先讓我們來看看電是什麼。電的問題包括電壓、電流等，這裡要討論的是電流。**電流就是電子的移動，也就是電子的流動。電子從A地點移動到B地點時，電流會往相反方向流動，也就是從B地點往A地點流動，這就是電流的定義。**

想像1個電池，用導線連接電池的正極與負極時，電流就會透過外部電路（導線），從正極往負極流動，相對的，電子則是從負極往正極移動。

● OLED元件的結構

　　OLED的發光體，也就是OLED元件會透過精巧的結構，使發光分子躍遷到激發態。OLED元件有三層結構，由**電子傳輸層**（electron transport layer）以及**電洞傳輸層**（hole transport layer）2種分子層夾住發光分子（**發光層**），形成三明治般的結構。

　　電子傳輸層，也就是會將來自陰極（電源負極）的電子送往發光層的分子；相對的，電洞傳輸層則是會將發光層的電子送往陽極（電源正極）的分子。

　　看到這樣的結構，可能會有讀者想問，既然發光層被夾住，那我們要怎麼看到發光層發出的光呢？這點不用擔心，這三層結構的各層都很薄，相當透光，而且正極的電極使用的是像玻璃般透明的透明電極。

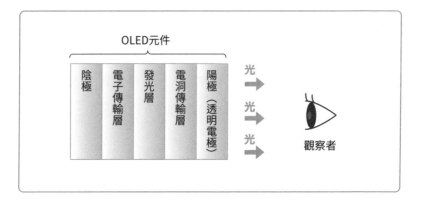

● 傳輸層分子與發光層分子的共同作業

　　電子從陰極進入電子傳輸層分子，再抵達發光層，然後進入

發光層內的空軌域。此時發光層分子會增加1個電子，而該電子會進入LUMO。

另一方面，發光層分子的HOMO的電子會流向電洞傳輸層，再從陽極離開。因此，發光層分子的HOMO會減少1個電子。

讓我們來看看發光層分子的電子組態在這個過程中發生了什麼事。

HOMO減少1個電子，相對的LUMO則多了1個電子。這就相當於1個HOMO的電子躍遷到LUMO，也就是說，發光層分子從基態轉變成了激發態。

激發態的LUMO電子回到HOMO時，會以發光的形式釋放出兩軌域的能量差ΔE。這就是OLED的發光原理。

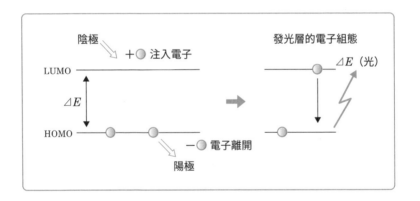

● 發光層分子的結構與光的顏色

科學家們已開發出了多種顏色的發光層分子，次頁圖中呈現的就是其中的一例。圖中的分子可分別發出紅、藍、綠等三原色色光。圖形則分別顯示出各個分子的發光波長範圍與強度，用這3個分子就可以合成出白光。

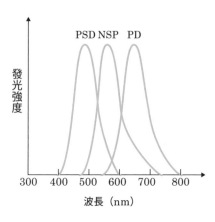

發光層分子

PSD（460nm） 藍   NSD（520nm） 綠

PD（620nm） 紅

發光與呈色屬於不同現象

—— 玫瑰呈現紅色的原理

前一節中，我們提到原子與分子會吸收電能。

不過，原子與分子不只可吸收電能，也可以吸收光能，也就是吸收光本身。

● 霓虹燈的紅色與玫瑰的紅色

霓虹燈是紅色，玫瑰也是紅色。如同我們前面看到的，霓虹燈會發出紅光，所以呈現紅色。那玫瑰為什麼是紅色呢？玫瑰不會發光，所以在黑暗的地方看不到玫瑰。那為什麼在明亮的地方可以看到玫瑰的紅色呢？

玫瑰會反射光線。鏡子是會反射光線的典型物品，不過鏡子看起來不紅。那為什麼玫瑰反射光線後會呈現紅色呢？

鏡子被光照射之後，會將所有光都反射回來。所以被太陽光這種白光照射後，會反射白光。不過，**玫瑰不會反射所有光。當玫瑰被白光照射後，會吸收一部分的光，其餘的光則以反射光的形式反射回來。**

玫瑰看起來之所以是紅色，是因為玫瑰反射的光是紅光。那麼玫瑰會吸收哪些顏色的光呢？因為沒被玫瑰吸收的反射光抵達我們的眼睛時，我們看到的是紅色玫瑰，所以至少可以確定，玫瑰不

會吸收紅光。

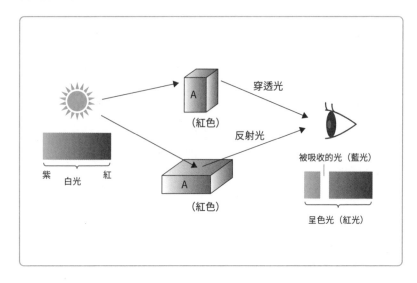

● 色相環

次頁圖為圓形的色相環，可用以表示白光之外所有色光之間的關係。

舉例來說，當一個物體被白光照射，吸收藍綠色部分的光後，剩下的光會呈現出色環中藍綠色對面的顏色，也就是紅色。

這種在色相環上彼此相對的2種顏色互為補色。譬如紅色是藍綠色的補色，藍綠色是紅色的補色。舉例來說，**玫瑰看起來之所以是紅色，是因為玫瑰的花瓣吸收了藍綠色的光。而葉子看起來之所以是綠色，是因為葉子會吸收紫紅色的光。**

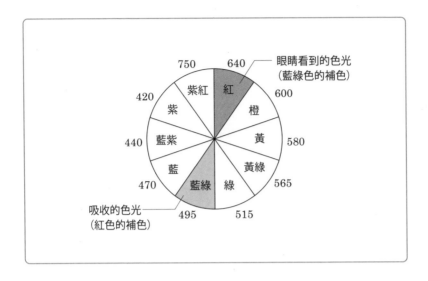

● 吸收波長與共軛分子

分子所吸收的光的顏色，也就是光的波長、能量，取決於 HOMO 與 LUMO 的能量差 ΔE。

ΔE 較大時，會吸收高能量的藍光，ΔE 較小時，則會吸收低能量的紅光。

ΔE 與共軛分子長度的關係如第 7 章第 4 節所示。也就是說，共軛分子愈長，ΔE 就愈小，吸收的光的波長愈長。

次頁的圖為直鏈共軛分子的長度（雙鍵個數，n）與該分子吸收波長的關係。由圖就可以清楚看出，n 愈大，吸收的光的波長就愈長。

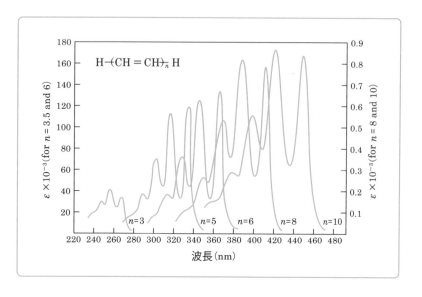

要注意的是，n 的值小到吸收的光的波長範圍低於 400nm 的情況，表示這些分子不會吸收可見光。既然不會吸收可見光，看起來就是無色物質。

右圖為透過分子軌域的計算求得的 $\varDelta E$（以 β 為單位）理論值，以及實測到的吸收頻率 ν 間的關係。雖然這裡是用較粗糙的近似方式計算分子軌域，卻可以看到理論值與實測值有高度正相關。

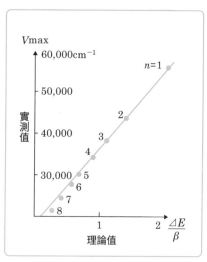

為什麼漂白劑能
去除顏色？

—— 光吸收與脫色的原理

　　如同我們在前一節中看到的，較長的共軛分子可吸收可見光，故會呈色；較短的共軛分子不會吸收可見光，故為無色。色素一般是由較長的共軛分子組成，沾上衣服的髒汙也是由同樣的分子組成。

● 漂白

　　雙鍵在加成反應中附加上氫（還原）或氧（氧化）後，會變成單鍵。這表示，當較長共軛分子中央附近的雙鍵還原或氧化後，共軛系統的長度就會一口氣變為一半。

　　前一節中我們提到了不同長度的直鏈狀共軛分子吸收的波長，$n = 10$分子的吸收波長約在440nm附近，顏色是黃色。若這個分子的共軛系統變為一半，吸收波長就會移動到350nm以下的紫外線區域，不會吸收可見光，即代表顏色會消失。

　　這就是還原漂白或氧化漂白的漂白原理。

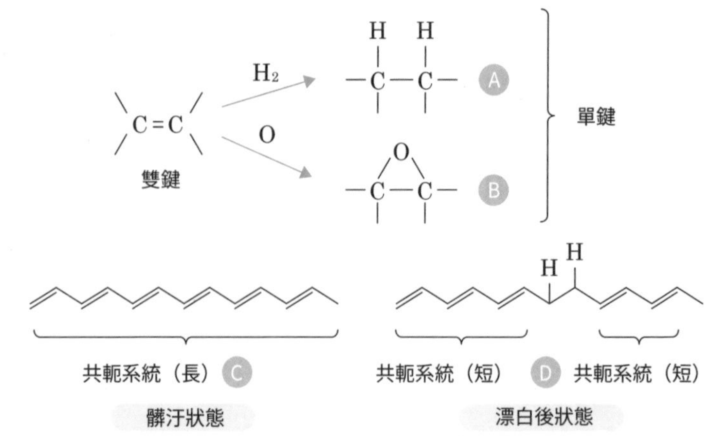

雙鍵與氫 H_2 的反應如圖 A 所示，與氧的反應如圖 B 所示。圖 A 及圖 B 兩者皆可消除雙鍵。

圖 C 化合物擁有較長的共軛系統，是有顏色的髒汙。圖 C 分子與氫反應時，雙鍵會打開，成為圖 D。圖 D 分子的共軛系統中間被截斷、變短，故顏色也跟著消失，這就是漂白的過程。**這種由氫造成的漂白稱為還原漂白。**

氧也可以產生類似反應，消除雙鍵進而讓顏色消失。由氧造成的漂白稱為氧化漂白。

● **螢光染料**

但穿了很久的衣服，上面的汙漬就難以靠漂白劑完全恢復潔白。過去碰到這種情況時，會用淡藍色染料染色，也就是靠淡藍色來掩蓋汙漬的黃色。但這種方法只會讓黃色與藍色重疊在一起，顏色看起來更為暗沉，而不會變成白色。

到了1929年，科學家在歐洲七葉樹（馬栗樹）中發現了馬栗樹皮苷（aesculin）這種有冷光作用的分子。所謂的冷光，指的是分子在吸收光之後，會將能量暫時儲存在分子內部，過一陣子再以光的形式釋放出來。

一般我們會將儲存能量的時間短如10的負幾次方秒的冷光稱為螢光，時間長達數秒至數小時的冷光稱為磷光。馬栗樹皮苷吸收太陽光的紫外線後會開始發光。不過，在吸收光到發光之間，分子會透過振動等形式消耗一部分的熱能，因此，發光時的光能略小於吸收的光能。

也就是說，**馬栗樹皮苷會吸收能量較高、波長較短的紫外線，釋放出能量較低、波長較長的藍白光。這種藍白光可以有效遮蔽住黃色髒汙，也成為了現在我們所使用的螢光染料之原型。**

馬栗樹皮苷

危險！別混在一起！

　　家中使用的漂白劑多屬於氯系氧化漂白劑，當中含有次氯酸 $HClO$ 的化合物。當它依式（1）分解時會產生氧，接著如同正文所述，氧會與雙鍵反應漂白汙垢。

$$HClO \rightarrow HCl + O \qquad (1)$$
$$HClO + HCl \rightarrow H_2O + Cl_2 \qquad (2)$$

　　不過，當這種漂白劑與含有鹽酸 HCl 的廁所清潔劑混合時，會產生氯氣 Cl_2，如式（2）所示。

　　氯氣是第一次世界大戰時，德軍用於毒氣的著名氣體。要是在家中廚房或浴室這種密閉空間產生氯氣的話，有幾條命都不夠用，請特別小心。

第10章

熱反應與光反應

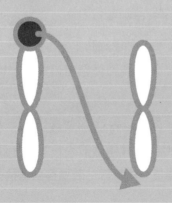

10-1

加熱或照光都會起化學反應

—— 熱反應與光反應的差別

　　大部分的有機化學反應都需要有來自外界的能量才能夠進行。也就是說，要進行有機反應的時候，必須從外界加熱或照光以施加能量。

　　需用到外部熱能的反應稱為熱反應，需用到外部光能的反應則稱為光反應。不過熱反應與光反應的差別不僅在於能量的形式，我們之後會詳細描述這點。

● 熱反應與過渡態

　　碳 C 燃燒，或者說是與氧氣 O_2 反應後，會放熱並產生二氧化碳 CO_2。不過要是沒有用火柴點燃的話，碳就不會燃燒。也就是說，要是沒有從外部施加熱能的話，就不會產生反應。為了能夠進行釋放熱能的反應，而得要從外部提供熱能，這樣不是多此一舉嗎？

　　這是因為，**如果要讓 C 與 O_2 反應產生 CO_2，必須先將氧氣分子 O＝O 與 C 原子形成三員環狀的不穩定分子才行。這種分子稱為過渡態，擁有高能量。所以說，若要得到這種分子，必須先由外部提供熱能才行。**

　　這些來自外部的能量稱為活化能 E_a。不過在反應發生後，會

釋出反應熱，而這些反應熱會成為其他分子的活化能，促進其他分子繼續反應。

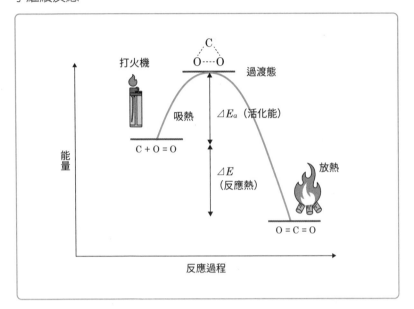

● 光反應與激發態

光反應乍看之下需要也需要能量。譬如順二苯乙烯（A）照光後會轉變成異二苯乙烯（B）這種異構化反應。

A與B之間幾乎沒有能量差異，甚至B的能量還比較低一些。不過若要進行這個反應，仍需從外界給予光能 ΔE 才行。**要讓A轉變成高能量的激發態，反應才能順利進行。光能就是為了提供A要轉變成激發態時所使用的能量。而且這裡的光能沒辦法用熱能取代。如果不提供光能的話，分子就沒辦法轉變成激發態，也無法進行反應。**

光化學反應的反應途徑可分為 a 與 b。途徑 a 是分子A與光（光子）撞擊時產生的反應，明顯屬於光反應；而途徑 b 就不需要

光參與，激發態的 C 會自行轉變成 B，所以途徑 b 也可歸類為熱反應。不過我們通常會將途徑 a、b 合稱為光化學反應。

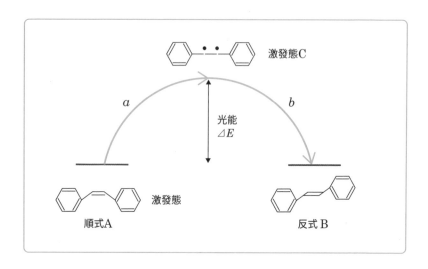

● 氫分子的光分解反應

接著讓我們來看一個光化學反應的基礎例子，那就是氫氣分子 H_2（A）受紫外線照射後分解成氫氣原子 2H（B）的反應。

首先，A 吸收紫外線後會轉變成激發態 C，接著激發態 C 會自發性地分解成 B。**次頁圖列出了 A 與 C 的鍵能、鍵級。基態分子 A 的鍵能為 2β，鍵級為 1，毫無疑問地會生成 H–H 鍵。激發態 C 的鍵能、鍵級皆為 0，故 H–H 的鍵結會消失。**

也就是説，分解反應在形成激發態 C 的階段，就已經反應完畢。

$$H_2 \xrightarrow{\ h\nu\ } H_2{}^\star \longrightarrow 2H$$

(A)　　　　　　　(C)　　　　　　　(B)

(A)

$$\psi_a \ \text{———}\ \alpha + \beta \quad n_2 = 0$$

$$\psi_b \ \text{⇅}\ \alpha + \beta \quad n_1 = 2$$

(C)

$$\text{———}\quad n_2 = 1$$

$$\text{———}\quad n_1 = 1$$

鍵能　　$2(\alpha + \beta) - 2\alpha = 2\beta$ 　　　$(\alpha + \beta) + (\alpha - \beta) - 2\alpha = 0$

鍵級
$$p_{12} = \sum n_i\, c_{i1}\, c_{i2}$$
$$= 2 \times \frac{1}{\sqrt{2}} \times \frac{1}{\sqrt{2}}$$
$$= 1$$

$$p_{12} = \left(1 \times \frac{1}{\sqrt{2}} \times \frac{1}{\sqrt{2}}\right)$$
$$+ \left(1 \times \frac{1}{\sqrt{2}} \times \left(-\frac{1}{\sqrt{2}}\right)\right)$$
$$= 0$$

$$\left(\begin{array}{l} \psi_a = \dfrac{1}{\sqrt{2}}\,(\varphi_1 - \varphi_2) \\[2mm] \psi_b = \dfrac{1}{\sqrt{2}}\,(\varphi_1 + \varphi_2) \end{array}\right)$$

● 二苯乙烯的順反異構物

這個前面提過的反應也和氫氣分解反應一樣。中間體（激發態）C的 π 鍵鍵能、π 鍵鍵級的計算結果皆為0。**也就是說，這種狀態下的二苯乙烯沒有 π 電子，故不會形成 π 鍵，只存在有2個不成對電子（自由基電子）而已。**

這種狀態叫做**雙自由基**。所以激發態C的C—C鍵只剩下1個 σ 鍵，也因此C—C鍵可以自由旋轉，使順式二苯乙烯在異構化反應下轉變成反式二苯乙烯。當然，C可能轉變成B，也可能變回A。在這個例子中，2個苯基會彼此排斥，所以2個苯基離得較遠的B比較穩定，使B在產物中的比例較高。

另外，在詳細研究其反應機制後發現，這個反應與單重態、三重態等特殊狀態有關。若要進一步了解相關知識，請參考進階書籍。

10-2

原子與分子會用最外側的
軌域參與反應

—— 前緣軌域理論

原子的物理性質與反應性皆由電子決定。其中，價電子是最具有影響力的電子。價電子位於原子最外層的電子殼層，也就是最外層的電子。

試考慮2個原子A與B反應時的情況。當2個原子要產生反應時，原子必須彼此接觸（撞擊）。此時，原子彼此實際接觸的部分，其實是整個原子中，位於最外層的電子殼層。

也就是說，決定原子反應性的是位於最外側電子殼層的最外層電子，也就是價電子。

● 前緣軌域

將原子A、B想像成是2個國家。2個原子的反應就像是國家彼此間的戰爭。戰爭開始時，衝突不會發生在首都，而是發生在邊境。2個相鄰的國家戰爭時，最初的戰火會發生在國界上，國界的英文為frontier，意為前緣。

原子也一樣。原子的最外層電子就相當於國家的國界。而原

子的最外層軌域，也是可填入電子的軌域中能量最高的軌域，被稱為前緣軌域。

這個理論由2位教授福井謙一與羅德・霍夫曼（Roald Hoffmann）提出，他們也以此獲得1981年諾貝爾化學

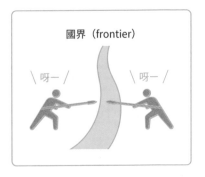

獎。還有一位教授名為勞勃・伯恩斯・伍德沃德（Robert Burns Woodward），他也是研究團隊的主要成員，但在決定得獎人時，伍德沃德已亡故，故沒能以此獲獎。

● 分子與前緣軌域

前緣軌域理論主要是用來描述分子物理性質與反應性質的理論。對於分子來說的前緣軌域指的是「分子軌域中，已填入電子之能量最高的軌域」。

看到這個定義，會讓人馬上想到最高被佔據分子軌域HOMO與最低未佔據分子軌域LUMO。而使用HOMO與LUMO來描述反應過程的理論，就叫做前緣軌域理論（別名「軌域對稱性理論」或「伍德沃德－霍夫曼規則（Woodward–Hoffmann rules）」）。

● 熱反應的HOMO與光反應的LUMO

一般的反應，也就是熱反應，只會發生在穩定的基態分子。基態分子中，填有電子的最高能量軌域，也就是前緣軌域為HOMO。所以熱反應，或者說基態分子的反應主要取決於

HOMO。

　另一方面，分子需先與光子反應成激發態，才能進行光反應。於是，在這個情況下，激發態的前緣軌域為LUMO，填有1個電子。所以說光反應主要取決於LUMO。

　請參考第7章第5節的共軛分子軌域。HOMO與LUMO的葉的大小與正負號不同。也就是說，之所以會有光反應與熱反應的差別，是因為HOMO與LUMO的分子軌域形狀及正負號有所不同。

　以下讓我們來看看實際的反應例子吧。

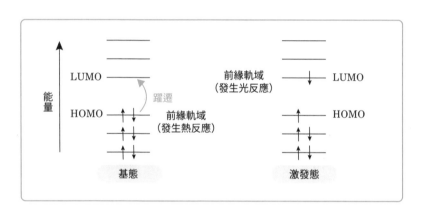

10-3

鏈狀化合物轉變成環狀化合物的反應

—— 環化反應與前緣分子軌域

　　鏈狀共軛化合物的共軛系統兩端鍵結在一起形成環狀化合物的反應，一般稱為 **環化反應**。環化反應中，反應物與生成物的立體結構是關鍵，而熱反應與光反應的產物會有完全不同的立體結構。

　　科學家們以前就有發現這種現象，但並不曉得為什麼會這樣。直到前緣軌域理論出現，才能合理說明這個現象。

● 環化反應的立體化學

　　將圖A的鏈狀共軛化合物（丁二烯衍生物）1加熱（$\triangle$）後會得到環狀的2－反式產物，照光（$h\nu$）後則會得到2－順式產物。請注意生成物的立體結構。順式的相同取代基位於環的同一面，反式的相同取代基則位於環的不同面。熱反應不會產生順式產物，光反應同樣不會產生反式產物。**這種依照反應條件而產生不同生成物的現象，叫做反應「選擇性」。**

　　圖B為反應物1與生成物2的軌域函數。1的C_1－C_2與C_3－C_4間為π鍵；相對的，2的π鍵移動到C_2—C_3之間，C_1與C_4則以σ鍵相連。且C_1與C_4間的σ鍵是由原本的p軌域橫躺下來後形成的鍵結。

　　也就是說，這個環化反應的本質是C_1與C_4的p軌域旋轉，C_2與

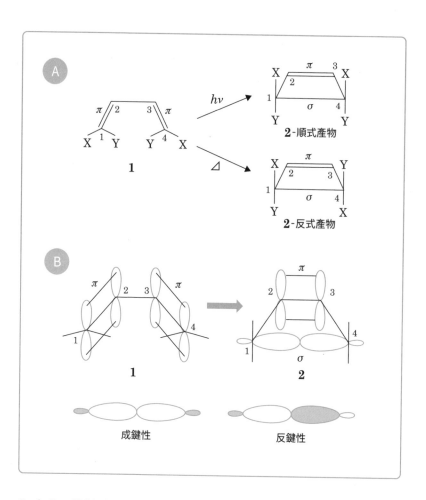

C_3 上的 p 軸域沒有任何變化，只是形成 π 鍵的碳原子對象改變而已。

● **成鍵性與反鍵性**

　　鍵結的軌域函數可以分成成鍵軌域與反鍵軌域。重疊的軌域正負號（相位）相同時為成鍵軌域，會形成鍵結；如果重疊軌域的正負號相反時為反鍵軌域，不會形成鍵結。

在前面例子中，若希望1進行環化反應生成環狀化合物2，那麼1的C_1與C_4上的p軌域需以相位相同的部分重疊，才能形成成鍵軌域的σ鍵。

● con與dis

圖C為丁二烯的HOMO與LUMO的軌域函數。圖D則是將丁二烯畫成分子1的形狀時，這些軌域函數在丁二烯上的排列。

HOMO的C_1與C_4間形成成鍵軌域時，p軌域必須朝相同方向旋轉（圖中為順時針旋轉）。此時，與C_1與C_4鍵結的取代基X、Y也必須跟著朝相同方向旋轉，於是會得到2─反式產物。這種旋轉叫做同向旋轉（con rotatory，con）。

另一方面，LUMO的C_1與C_4間形成成鍵軌域時，p軌域必須朝相反方向旋轉。此時的生成物為2─順式產物。這種旋轉叫做反向旋轉（dis rotatory，dis）。

如同我們先前提到的，熱反應取決於HOMO，光反應取決於LUMO。因此熱反應時會生成2─反式產物，光反應則會生成2─順式產物。

這種現象只有前緣軌域理論才能說明，可以說是前緣軌域理論的重大成果之一。

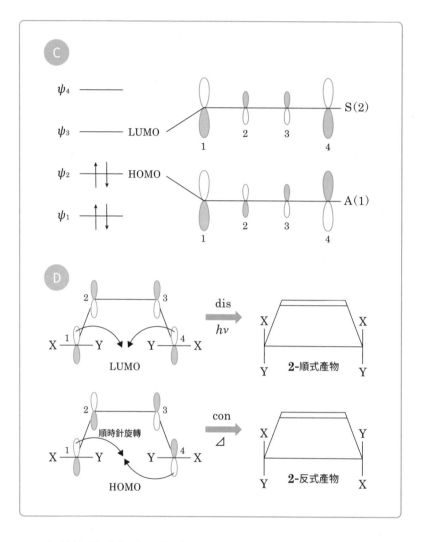

分析這個反應時，最重要的是分子軌域中各個葉的係數正
負，或者說是軌域的對稱性。軌域的對稱性為 S（對稱）或 A（非
對稱），會影響到反應選擇性。所以這個理論也叫做「軌域對稱性
理論」。

伍德沃德教授與諾貝爾獎

　　伍德沃德教授與霍夫曼教授提出了這個理論，並用簡單易懂的圖向許多有機化學學者們說明這個理論。因此，人們也以2人的名字為這個理論命名為「伍德沃德—霍夫曼規則（Woodward–Hoffmann rules）」

　　因諾貝爾獎受獎時，伍德沃德教授已亡故，故與諾貝爾獎擦肩而過。不過伍德沃德教授過去曾以維生素B12的合成獲得諾貝爾化學獎，並被譽為「20世紀最偉大的有機化學家」，是位十分有名望的學者，也可以說是「超越了諾貝爾獎的科學家」。

　　諾貝爾獎從1901年起開始頒發，已有120年的歷史。中間也有好幾個個人或團體獲得多次諾貝爾獎。多次獲獎的團體包括國際紅十字會（3次和平獎）、聯合國難民事務高級專員辦事處（2次和平獎）。

　　多次獲獎的個人則包括瑪麗‧居里（法國，1903年物理學獎、1911年化學獎）、萊納斯‧鮑林（美國，1954年化學獎、1962年和平獎）、約翰‧巴丁（美國，1956年物理學獎、1972年物理學獎）、弗雷德里克‧桑格（英國，1958年化學獎、1980年化學獎）。

環中原子彼此相連，
形成2個環的反應
—— 縮環反應與前緣分子軌域

　　如下圖所示，將七員環狀化合物1加熱後，可以得到雙環化合物2；另一方面，以光照射1後，可以得到雙環化合物3。這種將環狀化合物的環縮小，得到雙環化合物的反應，一般叫做**縮環反應**。

　　縮環反應是前一節提到的環化反應的一種。以環化反應的角度來看，共軛系統中1號碳與6號碳的環化是熱反應，1號碳與4號碳的環化是光反應。

　　為什麼會產生這樣的選擇性呢？

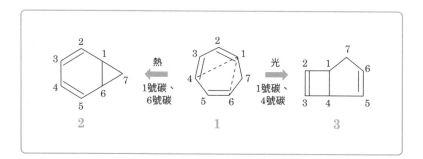

● 從立體化學的角度來看

　　有機化學之所以既麻煩又有趣，就是因為實際分子的形狀、結構也是既麻煩又有趣。

下圖為化合物1以1號碳與6號碳之環化反應，以及1號碳與4號碳之環化反應的示意圖。圖中分別列出了2種環化反應採行con與dis反應途徑時的理論產物。

1號碳與6號碳環化時，如果採行dis途徑，會產生實際存在的生成物2；如果採行con途徑，會因為三員環的另外兩邊一上一下彼此錯開而無法形成環狀。**也就是說，1號碳與6號碳的縮環反應「必須採行dis途徑」。**

同樣的，1號碳與4號碳的環化反應也是如此。在這種情況下必須採行dis途徑，才能生成雙環化合物。因此，反應「必須採行dis途徑」。

也就是說，1號碳與4號碳的縮環反應「必須採行dis途徑」。

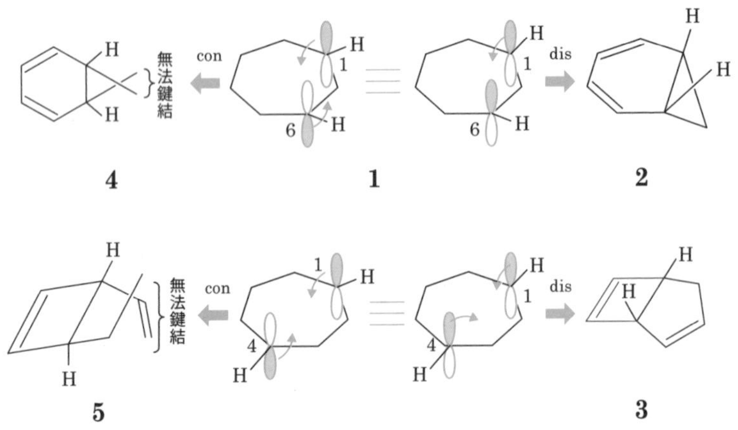

● 前緣軌域

反應物1的共軛系統中有6個sp^2碳原子與3個雙鍵，這種系統又叫做環己三烯系統。下方為這類系統的分子軌域函數示意圖。

若希望1號碳與6號碳採行dis途徑形成鍵結，那麼這2個碳的函數就必須擁有相同相位。前緣軌域中，只有HOMO符合這個條件。同樣的，只有LUMO能讓1號碳與4號碳採行dis途徑形成鍵結。

所以說，這類分子在熱反應中會透過HOMO，使1號碳與6號碳產生縮環反應；在光反應中則會透過LUMO，使1號碳與4號碳產生縮環反應。

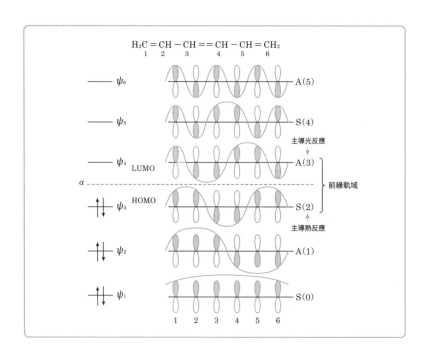

氫在碳之間移動的反應

—— 奪氫反應與前緣分子軌域

下圖中的化合物1經加熱或光照後，C_1上的氫會移動到C_3。這種使氫移動的反應稱為**奪氫反應**。而氫從1號碳移動到3號碳的反應，稱為1,3—奪氫反應。

● 生成物的立體結構

化合物1加熱後會生成2，照光後會生成3。仔細看2與3的結構，可以發現2與3是不同化合物，彼此互為異構物。也就是說，2是氫移動到3號碳，並自分子面的下方與C_3形成鍵結；3則是自分子面的上方形成鍵結。

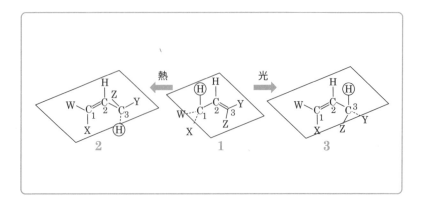

下圖截取了與反應有關之軌域，4是前述反應物1的軌域。C_1的氫離開之後，C_1就會從sp^3轉變成sp^2混成軌域。於是，4會轉變成由3個sp^2碳構成的最小共軛系統——烯丙基5。

氫在5的分子中移動時，可能會從分子面的上方轉移到下方，形成生成物6，也就是前頁圖中的2。這種移動稱為異面轉移（antarafacial rearrangement）。

另一方面，如果像7的分子一樣，氫只有在分子面的上方橫移，會形成生成物8，也就是前頁圖中的3。這種移動稱為同面轉移（suprafacial rearrangement）。

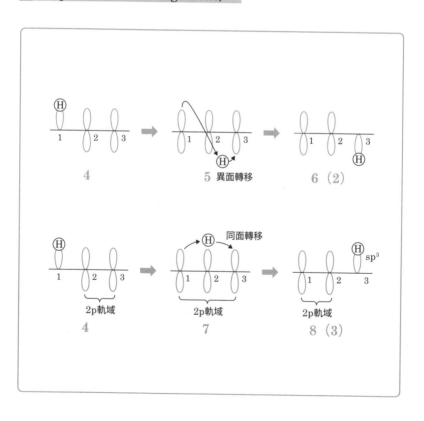

● **熱反應與光反應**

下圖為烯丙基的基態與激發態的電子組態，以及HOMO、LUMO的軌域函數示意圖。基態的前緣軌域為A（1）軌域，也就是ψ_2；轉變成激發態時，ψ_2的電子會躍遷到ψ_3，因此ψ_3，即S（2）才是前緣軌域。

由圖可以看出，藉由HOMO與1號碳鍵結的氫原子要移動到3號碳時，為維持相位相同，需異面轉移，才能與3號碳鍵結。同樣的，藉由LUMO與1號碳鍵結的氫原子要移動到3號碳時，則需同面轉移，才能與3號碳鍵結。

在上述原因之下，熱反應會產生生成物2，光反應則會產生生

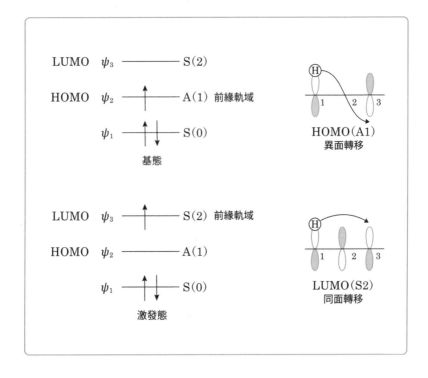

成物3，顯示出反應的選擇性。

● 有機化合物的複雜性

綜上所述，熱反應與光反應的反應選擇性可以用HOMO與LUMO等前緣軌域的對稱性來解釋，這是前緣軌域理論的偉大成就，可喜可賀！雖然很想這麼說，但有機化學可沒有那麼單純。有機化學的複雜之處，也正是它的有趣之處。

次頁圖的反應物1中，$C_1 - C_2$鍵結為 σ 單鍵。當然，這個鍵可以旋轉，旋轉後會變成反應物1'。這個1'的氫在異面轉移後會得到2'，相對的，同面轉移後則會得到3'。

熱反應會造成異面轉移，光反應會造成同面轉移，這個原則與分子的其他結構無關。這表示，1在熱反應後會生成2與2'，光反應後會生成3與3'。

可能你會想問，既然會生成4種產物，是不是就表示化學家們觀察不到「反應選擇性」呢？

請放心。有機化學家將2、2'、3、3'等4種化合物視為完全不同的「異構物」，且擁有足夠的技術能力可分辨出四者的差異。分析結果顯示，1和1'在熱反應後只會生成2和2'，在光反應後只會生成3和3'。

● 前緣軌域理論的應用

　　就這樣，前緣軌域理論（軌域對稱性理論、伍德沃德—霍夫曼規則）、分子軌域法、量子化學等理論，用簡單明瞭的方式說明那些以前被認為複雜而難以說明的有機化學反應，讓原本不懂量子化學與分子軌域法的研究者們都能理解這些反應的原理。

　　不過這些理論能說明的化學反應遠遠不僅於此。有些化學反應過於複雜而難以在本書中介紹，不過上述理論已可合理解釋幾乎所有的化學反應。這些理論誕生於20世紀末，可以說是20世紀中最偉大的成就之一。

　　19世紀末的新藝術運動（Art nouveau）中，許多偉大的藝術開花結果。看來世紀末似乎是個容易出現偉大事物的時間點。其實世紀初也一樣。「相對論」與「量子論」這2個人類科學史上的

偉大理論皆誕生於20世紀初。

21世紀只過了20年。未來說不定還會有更多發現、更多驚人的理論誕生。不，一定會如此。而這就是做為本書讀者的各位的工作了，真令人期待。

量子化學之窗

理論與實驗

科學由觀察、實驗、理論組成。天文學包含了觀察與理論，化學則是實驗與理論。不過在過去很長一段時間中，實驗在化學中的比例相當吃重。從古代的鍊金術一直到近代所建立的化學理論，基本上只是經驗法則的集合。

而改變這個風氣的正是誕生於20世紀初的量子化學。於1970年代誕生的前緣軌域理論更是理論化學的巔峰。

到了現代，化學研究仍以這些理論為基礎，卻將研究重點重新移到實驗上。對於現代的化學研究者來說，除了環丁二烯這種理論上做不出來的東西以外，什麼東西都做得出來。譬如比鐵還硬的有機物、有超導體性質或磁性的有機物、由單一有機分子製成的單分子汽車等等。2017年4月時，這種汽車還參加了於法國南部圖盧茲市舉辦的國際賽車活動。

21世紀末的化學會進化成什麼模樣呢？這個問題就交給各位讀者來回答了。

附錄章

二維、三維空間的
粒子運動

平面上的粒子運動

正文第2章中,我們提到了直線上,也就是一維空間中的粒子運動。這裡讓我們試著增加維度,討論二維、三維空間,也就是平面上、立體空間中的粒子運動吧。

● 何謂維度?

維度簡單來說,就是座標的個數。在國中的數學課程中常出現 $y=ax$ 的式子,我們能以 y 為縱軸,x 為橫軸畫出它的圖形。這裡的 y 軸、x 軸就是所謂的維度。因此這個圖形是存在於由2個維度(縱(y)、橫(x))所組成的二維空間。

相對於此,正文第2章中有個問題是問從原點 O 觀察,粒子在 x 軸上的位置是地點 x_1 還是地點 x_2。這時出現的座標軸只有 x 軸1個,所以第2章討論的空間(x軸上)是一維空間。

然而我們所生存的空間是由縱(z)、橫(x)、深(y)等3個座標軸所構成的空間,稱為三維空間。電子、原子、分子等化學領域中討論的微粒子皆在三維空間中運動。因此,量子化學也必須討論粒子在三維空間中的情形。

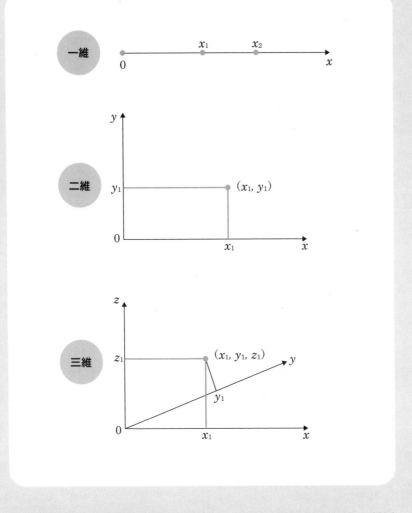

突然從一維空間跳到三維空間會一下子變得過於複雜，所以先讓我們來看看二維空間的情形，以做為討論三維空間時的準備，這就是附錄章的主要目的。

從一維空間延伸到二維空間時，就已清楚描述出了維度問題的本質。所以只要能夠理解從一維空間延伸到二維空間時會碰到

的問題，之後從二維空間延伸到三維空間時，碰到問題也能迎刃而解。只要了解本章的內容，這些問題就能用5、6行文字交代完畢。

其中，以重要性來說，又以本章的前半部分特別重要。

● 理解平面上粒子運動的目的

我們在正文第2章中已說明過一維空間的粒子運動。了解一維空間的粒子運動後，二維空間的粒子運動就只是一維空間的應用而已，其實並不會用到什麼新的數學技巧。雖說如此，本書仍特別設置了這個附錄章節來說明二維空間的粒子運動，這是為了傳達一個重要的概念，那就是「簡併」的概念。

一維空間的粒子運動中，波函數與能量是1：1的關係。不同波函數的能量必不相同。1個能階只會對應到1個函數。也就是說，各波函數都有其特有的能量大小。

不過，**進入二維空間後，波函數與能量就無法保持1：1的關係。也就是說，不同波函數可能擁有相同能量。像這樣不同的波函數擁有相同能量時，這些波函數就互為簡併關係。**

分析平面上的粒子運動

分析平面上的粒子運動時，與討論直線上的粒子運動相同，必須劃定粒子的移動範圍。為了劃定粒子的移動範圍則會用到位能。

● 劃定粒子的運動範圍

也就是在由 x 軸與 y 軸構成的 xy 平面上，設定每個位置的位能。如果我們想限制粒子的運動範圍為邊長 L 的正方形區域，就會設定 $0 < x < L$ 與 $0 < y < L$ 的範圍內，位能 $V = 0$，除此之外的區域為 $V = \infty$。

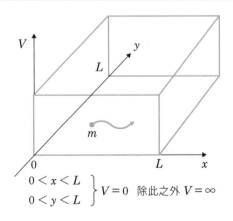

$$\left.\begin{array}{l} 0 < x < L \\ 0 < y < L \end{array}\right\} V = 0 \quad 除此之外 \ V = \infty$$

● 薛丁格方程式

式（1）是二維空間中表示粒子運動的薛丁格方程式，這種形式的式子我們已在第2章中看過多次。不過，第2章中函數 ψ 的變數只有表示一維長度的 x，即 $\psi = \psi(x)$。這裡的 ψ 則是二維函數，含有2個變數 x 和 y。

$$E\psi(x, y) = H\psi(x, y) \qquad (1)$$

這個二維波函數 $\psi(x, y)$ 可以寫成僅含變數 x 的函數 $X(x)$ 與僅含變數 y 的函數 $Y(y)$ 之乘積，如下所示。這個步驟稱為**變數分離**。

$$\psi(x, y) = X(x) \cdot Y(y) \qquad (2)$$

將式（2）代入式（1），可得到式（3）。

$$E\{X(x) \cdot Y(y)\} = H\{X(x) \cdot Y(y)\} \qquad (3)$$

將這個式子透過類似第2章第5節的方法，可求得式（4）。

$$E = H\{X(x) \cdot Y(y)\} \qquad (4)$$

然而，等號右邊的 X 函數與 Y 函數彼此獨立，一個函數的變動不會影響到另一個函數。不過因為等號左邊的能量 E 為常數，所以不管 x、y 怎麼動，E 都保持固定。若要讓這個關係式恆成立，X 函數與 Y 函數的值必須保持固定才行。

這表示以下等式皆需成立。

$$E_x = HX(x) \qquad (5)$$

$$E_y = HY(y) \qquad (6)$$

$$E = E_x + E_y \qquad (7)$$

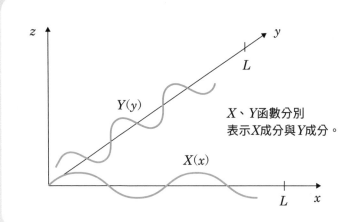

X、Y函數分別
表示X成分與Y成分。

波函數與能階

承前一節的結果，變數分離後，二維空間的薛丁格方程式 (1) 會還原成一維空間的薛丁格方程式 (5)、(6)。

● 薛丁格方程式的解

比較式 (5)、(6) 與第 1 章的式 (1)，可以求出函數 $X(x)$、$Y(y)$ 的能量 Ex、Ey 分別如下。

$$X(x) = \sqrt{\frac{2}{L}} \sin n_x \frac{\pi x}{L} \qquad (8)$$

$$E_{xn} = \frac{n_x{}^2 h^2}{8mL^2} \qquad (9)$$

$$Y(y) = \sqrt{\frac{2}{L}} \sin n_y \frac{\pi y}{L} \qquad (10)$$

$$E_{yn} = \frac{n_y{}^2 h^2}{8mL^2} \qquad (11)$$

由此可知，此題的解為

$$\psi(x, y) = \psi(x) \cdot \psi(y)$$

$$= \frac{2}{L} \sin n_x \frac{\pi x}{L} \cdot \sin n_y \frac{\pi y}{L} \qquad (12)$$

$$E_{xnyn} = \frac{h^2(n_x{}^2 + n_y{}^2)}{8mL^2} \qquad (13)$$

● 量子數

由式（8）與式（10），可以知道 X 函數有量子數 n_x，Y 函數有量子數 n_y，且這 2 個維度的量子數彼此獨立存在。所謂的獨立，指的是 n_x 與 n_y 不會影響彼此。

每個維度皆各有 1 個量子數是個很重要的概念。由此可以推論出，存在於三維空間的原子的量子數有 3 種。

函數的表現

前一節中，我們算出了二維空間中微粒子運動的波函數。這裡則要來看看將波函數畫成圖形後會是什麼形狀。

● 2個量子數

式 (12) 的波函數有2個量子數 n_x 與 n_y。由第2章第3節可以知道，量子數增加時，波函數的節也會跟著增加，對稱性也跟著改變。X 函數、Y 函數的獨立圖形如下方圖所示。

也就是說，X 函數與 Y 函數兩者的量子數都有1也有2，分別對應節數為0的 S (0) 對稱函數，以及節數為1的 A (1) 非對稱函數。

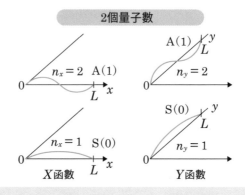

2個量子數

● 量子數的組合

完整的波函數為 X 函數與 Y 函數的乘積。量子數有2個 n_x 和 n_y，這2個數字的組合並沒有限制，故 (n_x, n_y) 可以是 $(1, 1)$、$(1, 2)$、$(2, 1)$、$(2, 2)$、$(2, 3)$、$(3, 1)$、$(3, 2)$、$(3, 3)$ 等，組合有無限多種。

次頁的圖為前3個組合 $(1, 1)$、$(1, 2)$、$(2, 1)$ 的函數圖形，分別以A、B、C標註。

圖A的 n_x、n_y 皆為1，X 函數與 Y 函數皆沒有節。圖B、圖C則非如此。圖B的 Y 函數有節，圖C的 X 函數有節。

完整波函數為 X 函數與 Y 函數的乘積。由函數的形狀可以看出，$\psi = 0$ 的部分（節）為直線。這種節又稱為節面。而圖B與圖C的形狀雖然相同，方向卻不一樣，節面方向差了90度。

方向不同就表示這2個函數是完全不同的函數。之後的章節會再提到，如果有2塊布（手帕）的形狀和2個圖形一樣，當風從 x 軸方向吹來時，圖B與圖C的反應會完全不同。 這也代表圖B的布（函數）與圖C的布（函數）完全不同。這種像風一樣的干擾，在量子力學中稱為攝動。

量子數的組合

C

$n_x = 2 \quad n_y = 1$

B

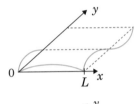

$n_x = 1 \quad n_y = 2$

A

$n_x = n_y = 1$

完整函數 ψ

能量

4

函數的表現

能階與簡併

在二維空間中運動的粒子能量可由式（13）求得。接著來看看這個式子的意義吧。

● 量子數與能量

前一節提到量子數時，我們介紹了 $(n_x, n_y) = (1, 2)$ 的圖形 B，以及 $(n_x, n_y) = (2, 1)$ 的圖形 C。這2個圖形完全不同，式（14）、（15）分別為2個波函數的式子與能量。

$$E_{12} = \left(\frac{h^2}{8mL^2} \right) (1^2 + 2^2) = \frac{5h^2}{8mL^2} \tag{14}$$

$$E_{21} = \left(\frac{h^2}{8mL^2} \right) (2^2 + 1^2) = \frac{5h^2}{8mL^2} \tag{15}$$

兩者的能量都是 $\frac{5h^2}{8mL^2}$，彼此相等。

當多個相異波函數擁有相同能量時，這些函數就叫做簡併函數，彼此互為簡併關係。

本例中有2個波函數為簡併關係，稱為雙重簡併。當有3個、4個波函數為簡併關係時，分別稱為三重、四重簡併。我們後面會再提到，原子內存在多重簡併函數。

● 能階

次頁圖為2個量子數 n_x、n_y 的各種組合所計算出來的波函數

能量大小。

　下圖中的能量單位為 $E_0 = \dfrac{h^2}{8mL^2}$。在能量為 5、10、13 的地方各有 2 條線，表示這些能階各有 2 個波函數，或者說是存在雙重簡併函數。只要 n_x、n_y 的 2 個量子數不相等，就一定會出現簡併函數。

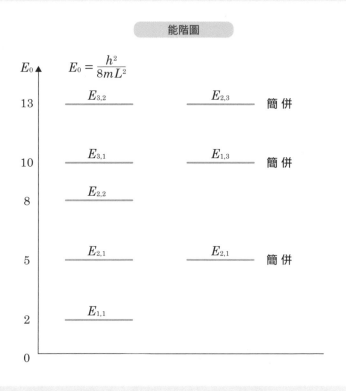

　　能階圖

$E_0 = \dfrac{h^2}{8mL^2}$

● 簡併的解除

　當函數受到外部力量影響或者條件改變時，這些影響或條件變化在量子力學中就稱為攝動。

隨著攝動種類、函數種類的不同，攝動對函數的影響也有不同變化。因此，在條件為 A 之下互為簡併關係的函數 ψ_1、ψ_2，加上攝動條件 a 成為 $A+a$ 之後，ψ_1、ψ_2 這 2 個函數可能會有不同的能量變化，使其不再維持簡併狀態。

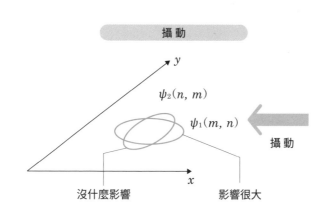

　　原本為簡併狀態的各軌域產生能量差異時，就會解除簡併狀態。

　　舉例來說，試比較 2 個橢圓形的波函數 ψ_1 與 ψ_2。假設我們對這 2 個函數施加來自 x 軸方向的攝動（力），使系統不穩定化。

　　因為 ψ_1 與 ψ_2 在 x 軸方向的成分量不同，所以兩者受攝動的影響也不一樣。x 軸成分較多的 ψ_1 受到的影響較大，於是使得能量大幅提升。相對的，x 軸成分較少的 ψ_2 受到的影響則較小，能量僅小幅提升。

　　在沒有攝動時，兩函數的能量相等，為簡併關係。在加入攝動後，兩函數的能量產生差異，簡併關係也跟著解除。

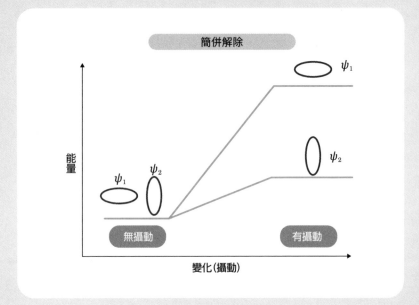

三維空間的粒子運動與極座標

二維空間再加上一個維度後，會變成三維空間。三維空間就是我們日常生活的空間，也就是光子、電子、原子、分子存在的空間。

化學是討論物質的研究領域，研究對象包括光子、分子等極微小的粒子，它們都存在於三維空間。研究三維空間中的量子力學，嘗試以邏輯描述粒子的運動就是量子化學的目的。

● 三維空間的粒子運動

雖說如此，如果能夠想像第2章提到的一維空間（直線上），以及本章提到的二維空間（平面上）的粒子運動，那麼從二維空間推廣到三維空間的粒子運動便不難理解，不需再學習其他量子力學定理。只要機械式的將二維（xy 座標）的情況推廣到三維（xyz 座標）的情況就好。

所以說，其實沒有必要把函數、能量的式子再寫一遍。不過為了內容結構的完整，還是把式子先列出來吧。在三維空間中運動的粒子波函數如式（16），能量如式（17）。

$$\psi(x, y, z) = \psi(x) \cdot \psi(y) \cdot \psi(z)$$

$$= \left(\frac{2}{L}\right)^{\frac{3}{2}} \sin n_x \frac{\pi x}{L} \cdot \sin n_y \frac{\pi y}{L} \cdot \sin n_z \frac{\pi z}{L} \qquad (16)$$

$$E_{n_x n_y n_z} = \frac{h^2(n_x{}^2 + n_y{}^2 + n_z{}^2)}{8mL^2} \qquad (17)$$

以上就是關於三維空間量子力學的簡介。不過，將量子力學轉換成量子化學時，會出現座標轉換的問題。原子、分子存在於三維空間，但誰也沒看過原子長什麼樣子。人們大膽假設原子是球狀，這個假設或許也歪打正著。

然而，**我們平常使用的是直角座標（x, y, z），不過在處理像這種球狀物體的科學時，比起直角坐標，通常會改用極座標更方便易懂。由於量子化學是本書的主題，所以一般會使用極座標。**

當然，如果你「比較喜歡直角座標，所以想知道寫成直角座標形式時會是什麼樣子」也沒有關係，許多地方都會說明如何在兩種座標系之間轉換。座標系轉換是沒什麼問題，但直角座標系解釋起來就顯得麻煩許多。雖然一開始可能不習慣，但使用極座標來理解量子力學絕對是正確的選擇。

那麼，這裡就來介紹什麼是極座標吧。在次頁的圖中，會將直角座標與極座標放在同一張圖表示。我們可以用直角座標的3個數值（x, y, z）來表示電子e的位置，也就是從原點出發後沿著3個軸的方向分別前進的距離。

相較之下，極座標會用單一距離（r）與2個角度（θ 與 φ）來表示粒子的位置。不管是哪一個座標系，都可以正確表示出粒子的位置。若用極座標來表示粒子的波函數與能量，可得到以下式子。

$$\psi(x, y, z) = \psi(r, \theta, \varphi)$$
$$= R(r)\Theta(\theta)\Phi(\varphi) \qquad (18)$$
$$E(x, y, z) = E(r, \theta, \varphi)$$
$$= E(r) + E(\theta) + E(\varphi) \qquad (19)$$

三維空間的粒子運動與極座標

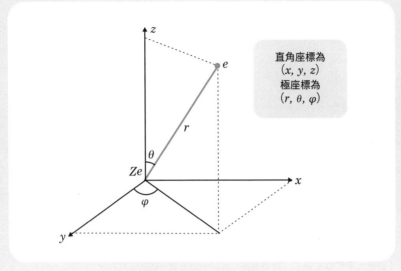

直角座標為
(x, y, z)
極座標為
(r, θ, φ)

参 考 文 献

《構造有機化学》　齋藤勝裕　三共出版　（1999）

《絶対わかる化学結合》　齋藤勝裕　講談社（2003）

《絶対わかる量子化学》　齋藤勝裕　講談社（2004）

《絶対わかる物理化学》　齋藤勝裕　講談社（2003）

《物理化学》　齋藤勝裕　東京化學同人（2005）

《有機化学のしくみ》　齋藤勝裕　Natsume社（2004）

《物理化学のしくみ》　齋藤勝裕　Natsume社（2008）

《絶対わかる有機反応》　齋藤勝裕　講談社（2008）

《絶対わかる有機反応の実際》　齋藤勝裕　講談社（2008）

《数学いらずの分子軌道論》　齋藤勝裕　化學同人（2007）

《数学いらずの化学結合論》　齋藤勝裕　化學同人（2009）

《有機ＥＬと最新ディスプレイ技術》　齋藤勝裕　Natsume社（2009）

《有機構造化学》　齋藤勝裕　東京化學同人（2010）

《マンガ＋要点整理＋演習問題でわかる 量子化学》　齋藤勝裕　OHM社（2012）

《マンガ＋要点整理＋演習問題でわかる 物理化学》　齋藤勝裕　OHM社（2012）

《わかる化学結合》　齋藤勝裕　培風館（2014）

《ゼロからわかる構造化学入門》　齋藤勝裕　技術評論社（2016）

《数学フリーの化学結合》齋藤勝裕　日刊工業新聞社（2016）

《ベンゼン環の化学》　齋藤勝裕　技術評論社（2019）

《有機ＥＬ＆液晶パネルの基本と仕組み》　齋藤勝裕　秀和SYSTEM（2020）

11～15劃

著者簡介

齋藤勝裕

1945年5月3日出生。1974年日本東北大學研究所理學研究科博士課程修畢，現為名古屋工業大學名譽教授。理學博士。專業領域包含有機化學、物理化學、光化學、超分子化學。主要著作有《絶対わかる化学シリーズ》全18冊（講談社）、《わかる化学シリーズ》全16冊（東京化學同人）、《わかる×わかった! 化学シリーズ》全14冊（OHM社）、《マンガでわかる有機化学》《毒の科学》（以上，SB Creative）、《「発酵」のことが一冊でまるごとわかる》、《「食品の科学」が一冊でまるごとわかる》、《元素がわかると化学がわかる》（以上，Beret出版）、《科學料理：從加工、加熱、調味到保存的美味機制》（世茂）等。

圖解量子化學
一本讀懂橫跨所有化學領域的學問

2021年7月15日初版第一刷發行
2023年9月15日初版第三刷發行

著　　　者	齋藤勝裕	
譯　　　者	陳朕疆	
編　　　輯	劉皓如	
發　行　人	若森稔雄	
發　行　所	台灣東販股份有限公司	
	＜地址＞台北市南京東路4段130號2F-1	
	＜電話＞(02) 2577-8878	
	＜傳真＞(02) 2577-8896	
	＜網址＞http://www.tohan.com.tw	
郵撥帳號	1405049-4	
法律顧問	蕭雄淋律師	
總　經　銷	聯合發行股份有限公司	
	＜電話＞(02) 2917-8022	

購買本書者，如遇缺頁或裝訂錯誤，
請寄回更換（海外地區除外）。
Printed in Taiwan

TOHAN

國家圖書館出版品預行編目資料

圖解量子化學：一本讀懂橫跨所有化學
領域的學問 / 齋藤勝裕著；陳朕疆譯.
-- 初版. -- 臺北市：臺灣東販股份有限
公司, 2021.07
272面；14.8×21公分
ISBN 978-626-304-653-5(平裝)

1.量子化學

348.25　　　　　　　　110008511

"RYOUSHI KAGAKU" NO KOTO GA ISSATSU
DE MARUGOTO WAKARU
© KATSUHIRO SAITO 2020
Originally published in Japan in 2020 by
BERET PUBLISHING CO., LTD.
Chinese translation rights arranged through
TOHAN CORPORATION, TOKYO.

大人的數學教室
透過114項定律奠立數學基礎

涌井良幸／著　●定價420元

ISBN　978-986-475-991-0

想理解現代科學，就絕對不能不知道20世紀初葉前的科學知識。畢氏定理、中央極限定理、母體均值的估計、比率的估計、貝氏定理等都是數學中堪稱「古典中的古典」。其中更有早在1000多年前就已經發現的知識。理解這些超越了時空、傳承至今的真理，或許會對我們的日常生活發揮難以想像的妙用。

本書網羅國高中數學教過的公式和定理，以及所有數學上的重要觀念。透過本書，您將可以毫無遺漏地學到所有高中程度的公式、定理、和觀念。而高中時代數學學不好的人，肯定也能藉由本書得到新的發現，或是重新體驗到數學的樂趣。

大人的理科教室
構成物理・化學基礎的70項定律

涌井貞美／著　●定價420元

ISBN　978-986-475-956-9

高中教的「定律、原理、公式」，從科學的角度來看，可說是總結和代表了這個世界基本運作。因此，對這些定理、原理有個縱貫的理解，對於知識的整理和貫通非常有幫助。不僅如此，也更容易理解新的知識。

本書將以古希臘阿基米德的時代到20世紀前半葉為重心，介紹與「物理、化學」相關的知名「定律、原理、公式」。並用生活具體親切的例子，並輔以豐富的圖例，來幫助讀者理解「物質運動的原理」和「構成世界的機制」等科學的宏觀面貌。請各位一起透過本書，再次找回現代與過去的接點吧。

圖解電波與光的基礎和運用

井上伸雄／著 ●定價400元

ISBN 978-986-511-018-5

當今世界可說是由「電波」建構而成，如廣播、電視、手機、Wi-fi、藍牙等。與電波同屬電磁波的「光」也一樣。除了照明用的燈光之外，我們也會將光的各種特性應用在我們的日常生活中。各種「電波與光」的尖端技術支持著現代社會，要了解這些技術的原理，就必須學會基礎知識才行。

本書結合最新、最切身的具體實例，簡單說明各種生活中的物理現象。不同於一般教科書將各個理論拆開說明，讓我們從起點「電波的發現」開始，隨著簡潔直白的文字，循序漸進認識這個世界吧！

氣象術語事典
全方位解析天氣預報等最尖端的氣象學知識

筆保弘德 等／著 ●定價380元

ISBN 978-986-511-541-8

儘管每天都在看氣象預報，對「颱風」、「強降雨」、「酷暑」、「霸王級寒流」等名詞耳熟能詳，但什麼是「異常氣象」？除了身體感覺之外，好像不知道它的確切定義，還有諸如全球暖化、熱島現象、用人工智慧研究氣象等等，這些看似與我們很遙遠的名詞其實天天都在我們身邊發生！

所謂的生活氣象，就是與我們的日常生活最息息相關的氣象。本書希望用最淺顯易懂的方式，介紹這些正受到社會關注，又或是未來可能將會受到關注的天氣術語，以及針對該領域當前最新的真知灼見。